超级记忆力

刘德胜 / 改编

航空工业出版社
北　京

内 容 提 要

本书依据记忆领域研究成果，对人的大脑进行了科学的讲解，让读者有了充分的认知。通过了解评价记忆力的指标，结合名人的学习记忆方法提出科学用脑、掌握学习技巧，以便帮助读者找到适合自己的方法，最终能够提高记忆效果。

图书在版编目（CIP）数据

超级记忆力 / 刘德胜改编 .-- 北京：航空工业出版社，2019.1

ISNB 978-7-5165-1783-3

Ⅰ. ①超… Ⅱ. ①刘… Ⅲ. ①记忆学 Ⅳ. ① B842. 3

中国版本图书馆 CIP 数据核字（2019）第 000788 号

超级记忆力

Chaoji Jiyili

航空工业出版社出版发行

（北京市朝阳区北苑 2 号院 100012）

发行部电话：010-84936597 010-84936574

北京博艺印刷包装有限公司印刷 全国各地新华书店经售

2019 年 1 月第 1 版 2019 年 1 月第 1 次印刷

开本：787 × 1092 1/16 印张：15 字数：236 千字

印数：1—10000 定价：35. 80 元

前言

记忆是什么？科学家认为记忆可分为短期记忆、中期记忆和长期记忆。短期记忆的实质是大脑的即时生理生化反应的重复，而中期和长期的记忆则是大脑细胞内发生了结构改变，建立了固定联系。比如怎么骑自行车就是长期记忆，即使已多年不骑了，仍能骑上车就跑。中期记忆是不牢固的细胞结构改变，只有"曲不离口、拳不离手"反复加以巩固，才会变成长期记忆。短期记忆是数量最多又最不牢固的记忆。一个人每天只将1%的记忆保留下来。

为什么有些人就具有超级记忆力？

国外的科学家们对超级记忆力的形成进行了研究，他们发现，只要采取正确的记忆力训练方法，并且持之以恒，每一个普通人的记忆力都可以成倍的增强。

研究表明，人脑潜在的记忆能力是惊人的，超乎想象的。聪明的大脑是可以通过后天的努力，也就是通过锻炼培养出来的。

众所周知，随着年龄的增长，我们的记忆力会减退，然而这并不是无法改变的，在明白了我们的记忆是如何工作的之后，我们可以使它的效能得以提升。只要掌握了科学的记忆规律和方法，每个人的记忆力都可以提高。记忆力得到提高，我们的学习能力、工作能力、生活能力也将随之提高，甚至可以改变我们的个人命运。

很多人认为，人的记忆力的优劣是由先天条件决定的，其实这是一种误解。最新的研究成果表明，只要你充分掌握了训练记忆力的方法，都能轻松提高自己的记忆力，打造自己的超级记忆力！

为了帮助读者开发大脑潜能、改善记忆力状况、快速获得提高记忆力的方法，我们编撰了本书。本书在综合了记忆领域研究成果的基础上，对人的大脑进行了科学的介绍，让读者有了新的、科学的认知。我们综合介绍了评价记忆力的指标，掌握提高记忆效率的方法，并介绍了一些名人的学习记忆方法，并提出科学用脑，以便让读者讲究一些学习技巧，以帮助读者找到适合自己的记忆方法，最终能够提高记忆效果。

知识就像大海般广阔无边，不懂方法的人跳下去，不是很快放弃，就是花了很多力气，却徒劳无功，抑或是进步缓慢，失去信心。懂技术的人——要记得快，有记得快的方法；要记得轻松，有记得轻松的方法；要记得久，有记得久的方法——快乐地沉浸在知识的大海中，想去哪就去哪。而掌握知识的关键技术就是——“超强记忆力”。通过本书，你将学会更简单、更快速、更有效的学习方法，成为脑力更好的人。

目录

第一章

认识你的大脑

诺贝尔经济学奖得主诺斯说，要知我们往哪里去，需知我们从哪里来。的确，人之所以成为万灵之长，社会知识信息极剧膨胀，一切的根源在于人的大脑。

认识你的大脑，在即将到来的高度信息化的新世纪浪潮中，你必将能踏浪而行，能更快捷地把握住未来的信息，不至于被时代遗忘。

人的大脑是人类进化的前锋。我们进步的程度取决于我们使用这一最惊人的自然界产物的程度。

从出生到生命终止，人的大脑可以不断地学习。

人的脑量有 1400 毫升，重量只有 3.5 磅，然而它大概是世界上最复杂的系统。它能改变你的一生，也能使你成为社会上不同阶层的人：医生、律师、巨商、甚至乞丐；它既能使你知识贫乏、目光短浅，又能使你才华横溢、高瞻远瞩。因为它是一座取之不尽、掘之不竭的金矿，关键看你是废弃它，还是源源不断地开采它。只要你不畏艰辛，勇于探求，它就能够改变你的生活，改变你的思维方式，增强你的记忆能力，开发你的创造才能，使你成为高智能者。

但是，要想以最快捷的方法开发你的脑资源，增强你的记忆力以获得学业的最快进展，首先必须了解有关脑的知识，以及它是如何工作的。

一、脑子越大越聪明?

“脑子越大越聪明”，许多人都这样说。在《蓝宝石案》里，侦探福尔摩斯根据一顶捡来的帽子，推测帽子的主人“是个学问渊博的人”。理由是：“有这么大脑袋的人，头脑里必定有些东西吧。”

这种说法起源于1832年。因为法国学者在解剖已故动物学家居维叶时发现，他的脑量要比一般人的平均脑量重400多克；加上颅相学的宣传，“脑大聪明”之说流传开来。

应该说，在从猿向人的进化过程中，脑量是逐步增加的。大猩猩脑重不足500克，南方古猿脑重700克，北京猿人的脑重是1075克。现代人的脑重，男子平均为1380克，女子平均为1250克。这说明，智力同脑量的大小是分不开的。

但是，脑量的大小还不能完全代表智力。在高等动物中，鲸和象的脑量都比人大，它们虽然也很聪明，但远远比不上人。可见，脑除了有量的问题外，还有质的问题。仅以脑量的大小衡量智力的论点，因为男人脑量比女人脑量大而认为女人一定比男人笨的论点，已越来越为人们所抛弃。

著名的科学家、文学家的脑量差别很大。俄罗斯作家屠格涅夫脑量为2012克，法国作家弗朗斯脑量仅1017克，可是谁能说弗朗斯是个笨蛋呢！狼孩的脑量并不小，可是智力极低。有个脑量2850克的人，竟然是个什么也不懂的白痴。

燕子、老鼠等的相对脑重要比人类高出许多。一位患脑积水的男性患者的脑组织尽管已萎缩至100克，可是智商高达126（标准为100），相当于超常水平。

综上所述，脑量和智力之间并不存在一般设想中的对应关系。

二、大脑是座“金矿”

你的大脑就是一座金矿，然而，这座金矿被你开采得太少了。世界著名的控制论专家 N·维纳说：每一个人，即便是做出了辉煌创造的人，在他的一生中利用他自己大脑的潜能还不到百亿分之一。

人类的大脑是世界上最复杂、也是效率最高的信息处理系统。别看它的重量只有 1400 克左右，其中却包含着 100 多亿个神经元；在这些神经元的周围还有 1000 多亿个胶质细胞。大脑的存储量大得惊人，在从出生到老年的漫长岁月中，大脑足以记录每秒钟 1000 个信息单位，也就是说，我们能够记住从小到大周围所发生的一切事情。

作为信息处理机，脑的运算速度是非常快的。如，它能在几百分之一秒内接收一个人脸的视觉映象；在 1/4 秒内分析它的许多详细情况；并将全部信息综合成一整体，产生一个明确的、三维的、两颊丰满的面容，即使从未在这个地点、光线或周围环境中见过这个面容及其表情，人脑仍能从它的“记忆库”里储存的几千张脸孔中识别这一张特定的脸，能从记忆中想起关于这个人的许多思想交往和印象。全部过程不到一秒钟。同时，还要解释其面部表情，对他产生感情，决定行动程序，可能全身肌肉开始复杂的活动，结果伸出一只手来，微笑，声带复杂地振动（充满难以形容的语调），说：“喂，萨姆。”上述情况发生时，脑分析和整理视觉信息及其感觉信息，用声音和气味来协助鉴别这面容。脑也能控制和调整身体的位置，保持其平衡或平稳运动，并将连续地控制体内数百个参数，如温度和血液的化学成分，校正任何偏离正常的地方，以维持身体的最佳功能状态。在我们一生中的每时每刻，脑以这种方式不断地觉察、记忆、控制和综合无数不同的功能。

一个人的大脑能容纳多少知识呢？据专家研究，除呆子、白痴等生理有缺陷的人之外，如果始终孜孜不倦地学习，那么，人的大脑在一生中可以储藏的各种知识，将相当于美国国会图书馆藏书的 50 倍。要知道，美国国会图书馆的藏书有 1000 万册。这就是说，一个人的大脑要能尽量吸收，可容纳 5 亿册书的知识。每一个人都可以凭着自己得天独厚的大脑，在某一方面成为专门人才。

爱因斯坦是举世公认的 20 世纪科学巨匠。他死后，科学家对他的大脑进行了研究，结果表明，他的大脑无论是体积、重量、构造，还是细胞、组织，与同龄的其他任何人都一样，没有区别。这充分说明，爱因斯坦成功的“秘诀”，并不在于他的大脑与众不同，用他自己生前的话说，在于超越平常人的勤奋和努力以及为科学事业而忘我牺牲的精神。

正如《美国心理学会年度报告》中指出的：任何一个大脑健康的人与任何一个伟大的科学家之间，并没有不可跨越的鸿沟。他们的差别只是用脑程度与方式的差异。而这个差异不但可以填平，而且可以超越。

据研究记忆力的阿诺欣教授和劳金茨科克教授说，我们脑子的容量非常之大，几乎对进来的信息全部都能收容下来。

据劳金茨科克教授的计算，我们的脑子，即使每 1 秒钟都输入 10 个新的信息，如此继续一生，我们也仍然还有记忆其他事项的余地。类似吃过了量已经再也吃不进任何东西的这种情况，在人脑的记忆方面是不存在的。因此我们可以放心大胆地准备把什么都记下来。

现在经常出现记忆力极为卓越的人物，这无异是在证明人类能够记忆的信息量是无限的。

在舞台上表演记忆术的魔术师当中，有人能把隔两秒钟给他一个前后没有联系的新信息全部正确地记住，并能说中。他说只要知道了记忆的方法，无论什么人都能和他一样地做得到。

有个以“完美的记忆家”知名的俄国人。提到他记忆力的惊人之处，有这么个插曲。据说他谈到 15 年前某天发生的事情时，说过下面的话：“那天的哪一个时刻也需要我说出来吗？”

关于他，俄国心理学家亚力山大·鲁利亚教授做过几年的调查。调查结果表明他的脑子构造和机能无异于常人，从幼年起他就自然地学会了记住发生在身边的事情的方法。

古希腊的希毛启德斯曾经留下过这样的话：“记忆法是雄辩家素养的本质

部分”，奇克罗也著文记载过当时的法律家和雄辩家们都得到了记忆法的帮助。并在《雄辩家论》中叙述了他本人是如何应用记忆法的。

记忆力不是才能，也不是天生的，是经过努力才能获得的方法。脑子的容量是相当大的。

三、大脑的记忆潜能无限

大脑的记忆潜能是无限的，据科学家们分析，鼻子可以觉察到一个气体分子的存在，眼睛视网膜上的细胞能感受一个光子的刺激；假如耳朵再敏感一些的话，说不定它会听到自己的分子的不规则振动的声音。大脑对电场和磁场以及月亮的盈亏都是敏感的，可能对行星的位置也是敏感的。越来越多的证据表明，我们对其他人的心理活动同样是敏感的。

为了对付每天日常生活的问题，正常的大脑似乎限制其意识而滤掉大部分输入的感觉信息。然而，大脑的充分敏感性有时是在病理症状中显示出来。利奥尼德·瓦西利夫医生曾报告说，一个人能忽然辨认出离他很远的微小物体，这个人在24小时就死了，死后在他的大脑的右侧视丘发现了血液的凝块。精神分裂的病人表现出不正常的敏锐的感觉。阿狄森氏病（缺少肾上腺皮质激素）可使人的味觉提高150倍并增强嗅觉和听觉。

人们常说，我们只用了我们全部记忆潜能的10%。但现在看来，这个估计是过高了。我们用的可能连1%都不到，可能是0.1%或更少。大脑这种明显的限度只是我们使用它的限度，看来人脑的这个限度是可能有的。

就人脑的复杂性和多用性而论，它远远超过地球上的任何计算机。的确，它的数学运算和循序渐进的逻辑过程是非常迅速的，然而这些能力仅仅代表人脑许多能力的一小部分。

脑和计算机之间的最重要区别在于脑不只是直线似地逐步工作，而且能同时进行对信息的加工和综合，并从中提出普遍性的内容。人脑在不到一秒钟的时间内就能识别一个面孔，世界上却没有一台计算机能做到这一点。随着计算机的发展，它能做到从十个左右的物体中识别一个像杯子这样的简单物体，但就是做到这一点也要花费几分钟时间。它们只能区别物体的大体类别，而不能识别个别物体。

一台能做人脑所能做的工作的装有晶体管的计算机就是卡内基大厅也放不下。最近电子微型化的进展使一个精致的袖珍计算器的电路可以放在几平方毫米薄片上。然而即使采用这样的电路，一台含有和人脑同样潜力的计算机的重量也会超过 10 吨。

因而，你拥有着世界上功能最强的电脑，它属于你的，它就是你神奇的大脑。

我们现在对人脑所了解的一切，是在最近的 25 年中才了解到的。令人惊奇的是，这些知识大多不能在学校学到。但这是能够改变你的生活、学习方法、思维方式、解决问题方法和创造方式的知识。

英国作家、心理学家、教育家托尼·布赞简明地指出："你的大脑就像一个沉睡的巨人。它是由千万亿个脑细胞构成的，每个脑细胞就其形状而言就像最复杂的小章鱼。它有中心，有许多分支，每一分支有许多连接点。几十亿脑细胞中的每一个脑细胞都比今天地球上大多数的电脑强大和复杂许多倍。每一个脑细胞与几万个脑细胞连接。它们来回不断地传送着信息。这被称为迷人的织造术，其复杂和美丽程度在世间万物中无与伦比，而我们每个人都有一个"。

在千万个脑细胞中，可能有 1000 亿个是活跃的神经细胞。每个神经细胞可以与其他细胞构成多至 2 万个连接。斯坦福大学罗伯特·奥恩斯坦 (Robert Ornstein) 在《奇妙的大脑》(The Amazing Brain) 一书中指出，神经细胞作不同连接的可能数目也许比宇宙中的原子数还要多。

罗伯特·奥恩斯坦在《奇妙的大脑》一书中指出，神经细胞作不同连接的可能数目也许比宇宙中的原子数还要多。

不相信吧？那么就想一想，如果你选出今天早晨做的头 10 件事情——将它们按每个可能的顺序进行组合，会发生什么样的结果呢？结果会产生 3628800 个不同的组合。选出 11 件事情，将其组合，可能的组合数是 39916800 ！那么，现在将 1000 亿个细胞按可能的方式进行组合，而每个细胞可以组成 2 万个不同的连接。这时，你对自己脑的记忆力有一定的了解吧！

四、你的大脑是三脑合一

在知道大脑的记忆潜能无限同时，我们应该如何去利用大脑大部分的巨大能力呢？布赞指出：“你首先要了解大脑是什么样的，以便使用你大脑的大部分。你要做的第一件事情就是弄清大脑的构造，然后是它如何工作、如何记忆、如何集中注意力、如何进行创造性思维。这样，你确确实实地就开始了对你自身的了解和探索。”开始这一探索，我们发现大脑是三脑合一。

首先，在 3 个不同的层面，从顶部到脑干，你的大脑包括 3 个截然不同的部分。

其次，你的大脑有左右两半部。每一部分控制不同的功能，并以不同的方式处理信息。这两个部分通过一个奇妙的电子化学胼胝体连接，其本身有 3 亿个活跃的神经细胞。它像一个国际电话自动交换局那样瞬时将信息传递开去。

你的小脑——或脑干——控制你的许多本能，诸如呼吸和心跳。

你大脑的中间部分控制你的情感。科学家们把它叫做边缘 (limbic) 系统——limbic 一词从拉丁文 limbus(衣领) 而来——因为这一部分像衣领似地裹住了脑干。

你的上脑帮助你思考、交谈、推理和创造。科学家们称之为脑皮层 [cortex——拉丁文“皮”(bark)] 的意思。

你把大脑许多不同的部分一起使用，来存储、记忆和重获信息。

科学家们现在相信，直到 5 亿年前，生物才开始发育大脑、脊椎和连接两者的神经系统。即使在今天，像牡蛎和龙虾这样的半原始动物只有简单的神经系统，只有几千个神经细胞，但没有脊椎。但在脊椎动物身上，它们的神经——脑系统来得更为复杂。即使老鼠的大脑也有数百万个高度发育的细胞，可以轻易地与老鼠的胡须相连。

如果解剖大脑，在脑壳的底部你会发现一个与在蜥蜴、鳄鱼和鸟类脑中发现的几乎一样的东西。因此，一些科学家将它叫作“爬行动物”脑。大脑的这一部分控制着非常简单但重要的功能：比如我们的呼吸、心率和许多基本本能。一开灯，附近的昆虫会立即静止不动，明亮的灯光将信号在刹那间传递给了昆虫微小的“爬行动物”脑。开车驶向停在路上的鸟，它会在你撞到它之前的一刹那飞走。它的“爬行动物”脑有一种内在的飞离程序。同样，当你去拍苍蝇时，它会在拍子落下前一刹那逃走。

脑干上面是第二层脑。这一边缘系统通常也叫作“古哺乳动物”脑，因为它与其他哺乳动物大脑的主要部分相似。

科学家们指出，大脑的这一部分在 2 至 3 亿年前由最早的恒温哺乳动物开始发育而来。他们认为，当时哺乳动物仍然保留着“爬行动物”脑，但在此之上又发展了新的东西。

就是大脑的这一部分，引导婴儿、羊羔或小狗在出生后几乎马上本能地去吮吸母亲的奶水。以后我们会发现，尤为重要的是，大脑的情感中心与大脑中处理记忆存储的部分连接得很紧密。当你情感投入时，你就能记得更牢——比如初恋。

边缘系统顶上，是由两边组成的大脑和像一张皱巴巴的毯般覆盖其他一切的脑皮层。脑皮层只有大约 30 毫米厚，但它有 6 层，每层有不同的功能。就是这一部分，使人成为独一无二的种类。依据你的信仰不同，这一部分可以被视为创世或进化的杰出成就之一。

五、人脑的两个半球：左脑≠右脑

人的大脑分为左、右两个部分，分别叫作左、右半球。左半球叫左脑，右半球叫右脑。通过大脑的电子扫描，你会看到大脑的不同部位是如何处理不同类型的信息的。一般说来，人是通过“五觉”接收信息的，即视觉、听觉、触觉、味觉和嗅觉，并在大脑中储存。

具体说来，左脑主要负责处理语言、抽象、数学和次序等逻辑性活动；

右脑主要负责处理旋律、图像和运动等非逻辑性活动。

然而，大脑左、右半球分离并非绝对的。两半球之间由大约2亿条神经纤维组成的胼胝体联结，使两个大脑半球息息相通，形成高度复杂的交换系统并不断地交流着信息，从而将抽象的、逻辑的信息与具体的、整体的图像结合起来。

经脑科学家研究，由于胼胝体的连通，使大脑左、右半球在结构与功能方面存在着一种分工合作的关系。所谓分工，是指每个半脑都倾向于首先分析相应一侧传入的信息，比如左脑负责语言、逻辑思维等。右脑则习惯于做一些难以转换成言语的工作；所谓合作，是指在处理比较复杂的问题时，它们就与对侧半脑交换信息。这样，大脑就能同时处理两个信息流，然后进行比较和综合，以获得更广泛和复杂的印象，使问题得到圆满解决。

英国研究员科林·罗斯著有《快速学习》一书，并创编了数个外语速成课程。他举了一个例子，说明大脑的不同部位能够以综合方式共同合作：如果你听一首歌，左脑会处理歌词，右脑会处理旋律。因此，你就能轻而易举地学会流行歌曲.这并不是偶然的，因为你的左脑和右脑都动员起来了。

大脑的情感中心也很紧密地与长期记忆存储系统相连。这就是为什么有高度情感因素的内容，我们都会最容易记住。比如几乎所有人都会记住自己结婚时的情景；大多数60岁以上的中国人都能粗略地回想起听到毛泽东主席逝世的消息时自己在什么地方。如果歌曲旋律和歌词能引起深刻的记忆，发现大脑是如何处理这类信息的，就是通向更有效学习的重要钥匙。

脑科学专家黛尔蒙德教授认为，人脑具有巨大的未开发潜力。她说，事实上，人脑可以在人出生到生命终了的任何年龄发生改变。在富有激励因素的环境，人脑会变得更好；如果接收不到刺激，人脑就会向相反方向发展。在她看来，使人类有别于动物的主要能力之一，就是交流能力。而且特殊之处在于人类的交流能力有许多种方式，比如用语言、图画、歌唱、舞蹈、节奏和情感。而运用多种方式交流有利于人类创造力的发展。

脑科学家认为：大脑左、右脑的这种分工合作关系是创造力的真正基础。科学家们利用现代科学技术证明了人们在进行创造性活动时左、右脑之间有着密切的协同活动。1985年9月30日美国《商业周刊》披露：先进的正负电子放射层X光照相术使科学家们清楚地看到，当一个人在进行创造性思维的时候，他的左、右脑同时都在积极地活动着。

由此可见，脑科学关于大脑结构与功能的研究，科学地揭示了创造力的生理学基础，为学习者创造力的培养提供了许多有价值的启示：学习者必须促进左、右脑功能的协调发展，那种偏重于“左脑功能”训练的传统教育模式是不利于人的创造能力发展的。为此，学习者应从以下几方面进行创造力的培养：

第一，学会“言语和非言语”两种思维方式。现行的应试教育模式只重视和鼓励以“言语”为媒介的逻辑思维能力的发展，而忽视了“非言语”的直觉思维能力的训练。这对学习者创造力的发展是不利的。

第二，运用“言语和非言语”两种学习方式。要善于运用“非言语”方式进行探索，并用“言语”描绘其发现。对各种概念的掌握也需要从“言语”和”非言语”两个方面进行。

第三，艺术、运动、操作类课程的学习要用右脑方式进行。脑科学家认为，如果艺术、运动、操作类课程用右脑方式学习，左脑就可以进行休息。遗憾的是，目前这类课程要么受到排斥，要么过于言语化了。

第四，要借助于表象进行记忆，减少抽象的死记硬背。

可见，创造力乃是大脑左、右脑的整体功能，而仅仅认为是右脑的功能是错误的。

六、大脑如何存储信息

在整理分类能力方面，大脑几乎是无与伦比的，它能够归类和存储所吸收的所有主要数据。

例如，要学会确认和辨别狗，你的大脑就必须设置一个有关狗的存储档案。你要学会辨认的每一个其他种类的狗，也必须储在相似的模式系统中。对鸟、马、汽车、笑话或者任何其他内容，亦是如此。现在许多科学家认为，我们将许多相互关联的内容，像树上的树枝那样存储在记忆中。

但是，大脑比这要复杂得多。如果我们要你举出你所知道的苹果种类，你会按照你的“苹果”记忆树马上说出红苹果、黄苹果、青苹果，等等。我们要你列出你知道的所有水果，你会将苹果连同橘子、梨子、葡萄一起存储在你的“水果”记忆树上。

如果我们要你举出圆形物的名称，你会依照你的“圆形物”记忆树将橘子包括在内。因此，你的大脑将信息分类到许多不同的类别中——就像图书馆相互参照的书籍或书后索引。

然而，大脑效率更高。它通过充分利用联系来存储这样的信息。每个人的大脑有一个联系皮层，它按照不同的记忆库将相似的信息连接起来。

以演讲作简单的实验。大多数人将演讲列为他们最大的恐惧之一。叫任何人马上在公众场合作即席演讲，他的第一反应肯定是一言不发。肾上腺素迅速掠过脑细胞，大脑下调进了原始模式，恐惧关闭了他的记忆库。他太恐惧了！但是，让另外一个人开始讲述随便什么笑话，群体中的每个人几乎马上会开始记起一个相关的幽默故事。又如，在聚会上人们围着钢琴，当一个人开始唱歌时，其他每个人几乎马上会记起这首歌。

这仿佛就像我们每个人有存储信息的巨大能力——并且能在触发正确的联想时记起这些信息。事实上，这确实如此。外科医生在手术中将电极接到大脑相应部位，会惊奇地发现，病人在苏醒后会完整地回忆起特定的事件，甚至回溯到他们的童年。当然，这种情况通常在催眠师“解开了我们的思想之结”，并帮助我们回忆起存储了多年的信息。

学习将信息分类，这也许是通向开发你大脑潜力的第一步。

通过将记忆内容与给人印象深刻的画面联系起来并使用你的大脑一个或更多的能力，是提高你记忆能力的首要方法之一。如果没有通过以“30 天的月份有 9 月、4 月、6 月和 11 月”这样的韵文(所有这一切是通过处理韵律的左脑存储的)，你怎样才能轻而易举地记住 4 月有 30 天呢?

七、智力仓库：人脑的 7 个不同的“智力中心”

哈佛大学心理学教授华德·加德纳 (Howard Gardener) 会告诉你，视觉能力仅仅是你许多“智力”中的一种。他花了数年时间分析人脑和人脑对教育的影响。他的结论是简单但极其重要的。

加德纳指出，我们每个人至少有 7 种不同类型的智力，其中两种在传统教育中受到了高度重视。

他把第一种叫做语言智力，即我们读、写和用词语进行交流的能力。显然，这一能力在作家、诗人和演说家身上得到了高度的发展。

第二种是逻辑或数学智力，即我们推理和计算的能力。这在科学家、数学家、律师和法官身上得到了极大的发展。

传统上，大多数所谓的智力测试都集中在这两种智力上，全世界很多学校教育也集中在这两种能力上。但是加德纳指出。这使我们对我们的学习潜力产生了一种不正常的、有限的看法。他列出的其他五种智力是：

音乐智力：在作曲家、指挥家和一流的音乐家身上有明显的高度发展。

空间或视觉智力：建筑师、雕塑家、画家、航海家和飞行员所使用的那种能力。

运动智力或身体智力：在运动员、舞蹈家、体操运动员身上，也许还在外科医生身上得到很高程度的发展。

人际智力：与其他人相处的能力——是销售人员、鼓动家和谈判人员应有的那种能力。

内在智力和内省能力：洞察能力，了解自己的能力——给人以伟大直觉的那种能力，是让你进入存储在你潜意识中的巨大信息库的那种能力。

但是，这些功能并不是加德纳教授为撰写博士论文而任意发明的。他说，脑外科和脑研究已经表明，每一“智力”或能力都在你脑中有相应的位置。严重损伤某个部分，你就会有失去特定能力的危险。这就是如果你中风所发生的事情。在外行看来，中风是由血块阻碍向大脑供氧、构成损害而造成的。哪一部位受到损伤，就会影响到由大脑相应部位控制的身体功能，人体上的言语能力或运动能力。

八、人脑的四种电波

将你的大脑连接到电子扫描仪上，你很快会发现你大脑的几个部分会用不同的频率发送和接收信息，它们在某种程度上与电视信号相似。将你的电视机调到 2 频道或 22 频道，你就能够接收到在这两种不同波长上发送出的信息。

在你清醒时审视你的大脑，大脑会发出某种频率的电波。在你昏昏欲睡时审视你的大脑，大脑会在“不同的频率”上发出信号。当你在睡眠和做梦初期各个阶段和稍后当你进入深度睡眠时，情况也是这样。

你的大脑象电视台或电台那样，在 4 个主要频率或电波上运作，我们可以用电子脑图仪逐一将它们测量到。

以下是对人类脑电波的真实记录：

1. 完全清醒时，大脑在 13~25 赫的波段上工作，叫做 β 状态。

2.“放松性警觉”是理想的学习状态，大脑在 8~13 赫波段上工作，叫做 α 状态。

3. 睡眠的初期阶段，大脑在 4~8 赫波段上处理白天的信息，叫作 θ 状态。

4. 深度睡眠，大脑在 0.5~4 赫波段，叫做 δ 状态。

如果你很清醒或十分警觉，或者如果你正在交谈，作报告或正在做一道有关的逻辑题，你的大脑很可能会以 13~25 周 / 秒的速度“传送”和“接收”信息。有人将它叫作 β 波。

但那不是刺激长期记忆的最好状态。你学习的大多数主要信息将被存储进潜意识之中。许多研究人员和教师相信，人们可以通过潜意识很好地学习大量信息。最适于与潜意识的脑电波活动是以 8~13 周 / 秒速度进行的，那就是

α 波。

英国快速学习革新家科林·罗斯说："这种脑电波以放松和沉思为特征，是你在其中幻想、施展想象力的大脑状态。它是一种放松性警觉状态，能促进灵感、加快资料收集、增强记忆。α 波让你进入潜意识，而且由于你的自我意象主要在你的潜意识之中，因而它是进入潜意识唯一有效的途径。"

当你开始更感睡意朦胧时——介于全醒与全睡之间的过渡区域——你的脑电波就变成以 4～8 周 / 秒的速度运动，即 θ 波。

当你完全进入深睡时，你的大脑就以 0.5～4 周 / 秒的速度运动，即 δ 波。你的呼吸深入、心跳放慢、血压和体温下降。

所有这一切对学习和记忆有什么影响呢？美国快速学习先驱泰丽·怀勒·韦伯 (Terry Wyler Webb' 指出，β 波——很快的脑电波——"对我们度过白天很有好处，但抑制了我们进入大脑更深层面。在 α、θ 波类型中可以进入更深的层面，这两种脑电波以放松、注意力集中和舒适等主观感受为特征。就是在 α、θ 波状态下，非凡的记忆力、高度专注和不同寻常的创造力都可以取得。"

你怎样取得那种状态呢？数以千计的人通过每天的静心放松性活动、特别是深呼吸来取得。但是，越来越多的教师确信，几种音乐能更快、更容易地取得这些效果。韦伯指出："某些类型的音乐节奏有助于放松身体、安抚呼吸、平静 β 波振颤，并引发极易于进行新信息学习的、舒缓的放松性警觉状态。"

当然，正如电视和电台广告每天证实的那样，当音乐配以文字，许多种音乐能帮助你记住信息内容。但是研究人员现在已经发现，一些巴洛克音乐是快速提高学习的理想音乐，一部分原因是因为巴洛克音乐每分钟 60～70 拍的节奏与 α 脑电波一致。

技巧丰富的教师现在将这种音乐用作所有快速学习教学的一个重要组成部分。但对于自学者来说，眼前的意义是显而易见的，即当你晚上想要复习学习内容时，放恰当的音乐就会极大地增强你的回忆能力。

其中部分原因在于：当你即将入睡时你的大脑在极为有效地工作着。有人称之为 REM 睡眠，REM 是快速眼球活动 (rapid eyes movement) 的缩略。而且脑电图仪将原因告诉了你：仿佛你的大脑——甚至和你的身体一起——在用它的视觉皮层将白天的主要事件一幕幕地快速拍摄下来。

许多研究人员认为，在这种状态中，大脑在检索新的信息，并将它存储进恰当的记忆库。你重温脑图、回忆白天主要内容时所出现的平静、放松状态，打开了通向潜意识记忆库的大门。

这也解释了人为什么做梦：你的潜意识在唤回旧记忆，以核对新信息。如果你正在考虑一个问题，你的潜意识就会挑选一些可供选择的解决方案。

α 波也适合于开始每一次新的学习。很简单，在开始前，你当然是清理思路。将办公室的问题带到高尔夫球场上，你就打不好球，会心不在焉。学习也是如此。从高中法语课马上转上数学课，这会难于“换档”。但是花一会儿时间做做深呼吸运动，你就会开始放松。放一些轻松的音乐，闭上眼睛，想想你能想象到的最宁静的景象——你很快会进入放松性警觉状态，这一状态会更易于使信息“飘进”长期记忆之中。

第二章 你也能过目不忘

心理学研究指出人脑一生所储存的信息量约为 2.8×10^{28} 比特，具有惊人的储存信息能力。人的大脑还有相当大的一部分潜力未曾使用。据估计，人脑未加使用的潜力达百分之九十。有的学者认为，一个人如果终生好学不倦，那么一个人的大脑一生储存的各种知识，将相当于美国国会图书馆藏书的五十倍。据说该图书馆藏书一千多万本，人脑的记忆容量相当于五亿本书的知识总量，而且人的记忆能够保持长达七十或八十年以上。人脑的记忆系统的高度完善化是当代最先进电子计算机的记忆系统无法比拟的。但是，即使世界上记忆力最好的人，也达不到这个记忆能力的百分之一。因此，如何把记忆潜力变成记忆能力的问题就成为心理学家要研究和探讨的问题。

如何去挖掘记忆潜力，培养良好的记忆呢？我们必须对记忆有所了解。

一、了解评价记忆力的指标

1. 衡量记忆力的四个指标

一般认为衡量记忆力好坏的指标有四个：

记忆的敏捷性，指的是在识记材料性质、数量等相同的条件下记忆时速度快，储存得快。

记忆保持的持久性，指的是记住事物后保持时间长并且不遗忘或很少遗忘。

记忆的正确性，指的是识记时准确无误，回忆时也能做到准确无误。

记忆的备用性，指的是在记忆储存时把记忆材料整理得有条理，编码准确无误，在需要时能够随时提取并能回忆出来或能再认无误。

了解了衡量记忆力的指标，在培养锻炼自己的记忆力时就要着重从这四个方面下功夫。做到快、牢、准、全。对照这四个指标，哪一个指标有差距，就要在哪一个指标涉及的范围内注意训练和养成。

2. 在锻炼中发掘记忆潜力

心理学研究证明，刚生下来的新生儿是没有记忆的。新生儿在长期和妈妈的接触中，逐渐产生记忆力，在3~6个月时就可认出妈妈来，表明已有了记忆力。“狼孩”虽然有人的遗传素质，但却没有正常人的智力和记忆力，说明记忆力并不是天生的。无数事实和心理学研究证明，人的记忆都有一个发生、发展的过程，发掘记忆潜力在于长期锻炼。“天才就是勤奋”“勤能补拙”等名言也反映了这一真理。在历史上，许多名人小时候记忆力很差，由于勤奋锻炼，使记忆力获得高度发展。如北宋的司马光写了《资治通鉴》这部巨著。但是，司马光在年幼时记忆力并不好，常常是同伴们都把课文背熟后高兴地玩去了，司马光还时常没有记住。遇到这种情况，司马光就关上门，一遍一遍地读下去，直到背熟为止，逐渐练就了良好的记忆力。明末清初的学者顾炎武，养成了在马背上背诵的习惯，坚持不懈，练出了良好的记忆力。锻炼大脑可以培养惊人的记忆力已被许多事实证明。马克思曾故意用自己生疏的外语背诵诗歌，其结果，他能整段地背诵歌德、莎士比亚、但丁和塞万提斯的作品。周恩来总理年青时通过多种方式锻炼自己的记忆力，并且掌握了许多科学方法，从而获得了非凡的记忆力。他与人会见一次，十年不忘，已是人们传诵的佳话。托尔斯泰每天都要背诵一点东西，并称之为“记忆力体操”。用进废退是生物学的重要原则，对脑细胞同样适用。美国神经生理学家科斯塞利斯和米勒研究认为，人脑劳动开始得越早，前后持续时间越长，脑细胞老化越慢，人的自然衰老速度也会减慢。

二、掌握提高记忆效率的方法

1. 注意力要集中

注意力是记忆过程的必要条件，任何心理过程的效率和效果，只有注意参加才能实现。没有注意，记忆过程不可能完成。心理实验研究表明，集中注意阅读两遍材料，比不注意去阅读十次的效果要好得多。学习时注意力集中，大脑皮层的兴奋区强烈兴奋，留下来的痕迹深，就容易记住不忘。注意力不集中，往往对所要识记的材料记忆不深，没有深刻印象，就会很快遗忘。神经衰弱患者往往抱怨自己记忆力下降，其原因大多情况下是注意力不集中的缘故。

2. 识记的任务和目标要明确

有这样一个心理学实验研究，将学生分成两组，让他们同时朗读一篇短文，对甲组学生提出要背诵的要求，对乙组学生不提任何要求。结果表明，甲组学生的记忆效果要比乙组学生好得多。实验说明，如果没有明确的记忆目标，即使对一篇文章读了很多遍，结果是记住的内容很少。记忆任务和目标愈明确，愈具体，记忆效果就愈好。其原因是，目的任务对识记效果有很大影响，遗忘速度受识记者主观因素的影响也很大。目标明确有利于调动识记者学习的主动性和大脑皮质的积极思维活动。

3. 要在理解的基础上记忆，要在积极的思维活动中加深理解

理解可以进一步掌握材料的意义，使识记过程变成意义识记的过程，效果要比机械识记好得多。实践也证明，对哪部分知识理解得越深，最透彻，哪部分知识就难忘。成年人意义识记的能力远远优于儿童，但机械识记能力不及儿童。因而成年人要加强理解，多运用意义识记，记忆效果就会提高，甚至超过儿童和少年。在记忆中要多用脑去想、去思考、去联想，有助于大脑建立多方面的联系，有利于新知识和过去的旧经验建立联系，加强记忆效果，延长保持时间。

4. 掌握减少遗忘的方法

减少遗忘有以下方法：

及时地复习。俗话说："三天不念口生""拳不离手，曲不离口"。德国哲学家狄慈根说："重复是记忆之母"。以记忆才能著称的茅以升教授谈到自己记忆力好的原因时说："说起来也简单，重复、重复、再重复"。马克思有一个习惯，隔几年就要将自己读过的书中做了记号的地方和自己的笔记重读一遍，为的是巩固记忆。这些都说明，复习对增强记忆，防止遗忘的重要性。根据德国心理学家艾宾浩斯的遗忘曲线，遗忘规律是先快后慢，先多后少。因此，在识记材料尚未遗忘之前就应该复习。复习要及时，正如一位教育家说的那样："我们应该巩固建筑物，而不是修补已经崩溃的建筑物"。

多种感官协同活动、多种渠道信息刺激。大脑可以同时接受来自多种渠道的信息，可接受来自视觉、听觉、味觉、触觉等感官的信息。实验表明，用不同的感官来记忆，成绩优劣顺序如下：视读，视，视听读，听读，视听，听。说明学习时光用两耳去听效果最差。如老师教初中学生一节课学习十个英语单词，在甲班用看、读、写、听四种方法同时进行，在乙班用看、读、听三种方法同时进行，在丙班，只用听的方法学习。结果错误率是：甲班 4%，乙班 28%，丙班 90%。所以光听讲，忘得最快。应该是眼看、口说、手写同时进行，才能加深大脑皮层信息刺激的痕迹，使记忆牢固度提高。许多学者都有这个体会：不动笔墨不看书，因此做笔记式的学习是很重要的。此外，在学习的时候开头第一遍最重要，第一次的感知印象最强烈、最深刻，有利于记得牢，保持时间长。

学习材料的数量要适当，学习的时间要略长。遗忘的速度受学习材料的性质和数量影响，还要受学习程度的影响。一次学习的材料越多，记忆就越难，遗忘得越多。因此，学习时要选择数量适当，不能过多。在学习时间上，可适当延长。学习不必担心脑子的潜力，过度学习要比学习时间不足的记忆效果好。如背诵一篇短文，20 分钟刚能背过，然后再背 15 分钟，就是过度学习，这样，这篇短文就会牢记，不易忘记。

克服前摄抑制和倒摄抑制，学习材料要分散、穿插进行。在学习、看书、听课时，开头的部分只受倒摄抑制的影响，结尾部分只受前摄抑制的影响，中间部分既受前摄抑制影响，也受倒摄抑制影响，所以中间部分相对容易遗忘。克服的办法是分散、穿插学习，有意义的材料和无意义的材料穿插，文学、历史、哲学、音乐、体育、数、理、化各科穿插，智力学习和运动学习穿插。如果是自学，把两种内容不同的材料穿插学习，都有助于减少遗忘，增强记忆效果。

5. 要努力做到学以致用，积极地实践

识记对象成为活动对象时，识记效果最好。只看、只听，记忆效果不佳。“眼看千遍，不如手做一遍”，要想学习游泳，必须亲自下水，要想掌握物理学原理，必须动手做实验。因此，积极地运用，积极地参加实践，因而也有助于记忆力的提高。

6. 要提高记忆的兴趣和信心

日本心理学家统计，对不感兴趣的内容，20 分钟后忘记 40%，两天后忘记 66%，六天后忘记 75%，一个月后忘记 79%。因此要注意培养自己对材料的间接兴趣和直接兴趣才能提高识记效果，减少遗忘。如果对记忆力丧失信心，就更难记住学习材料。兴趣和信心来自对记忆内容意义的认识和克服困难的决心。因此，学习时加深对材料意义的认识，保持顽强的毅力，对提高记忆力同样是重要的。

7. 要积累丰富的知识和经验

具有丰富的知识经验就是在大脑建立了广泛的暂时的神经联系，这对记忆有重要影响。因此，博览群书，广闻博记，勇于参加实践对积累丰富的知识经验尤为重要。过去的知识经验越丰富，就越容易与新学的知识联系起来。人的知识经验对记忆的影响，主要是学习迁移原理在起作用。学习迁移作用就是学习某一种知识或技能对学习另一种知识或技能的影响。如学会了英语，再学法语就容易一些。

8. 日本学者保本荣介的 15 条建议

如何提高人们的记忆效率呢？保本荣介的建议是：

记忆要从心平气和开始

大脑不能过度疲劳

要具备必不可少的自信心

要找出适合自己特点的记忆方法

要培养自己对记忆对象的兴趣

要具备强烈的记忆动机

要把记忆与愉快的事物联系起来

要通过学习刺激大脑，使脑细胞得到锻炼

要进行细微的观察

要用理解来帮助记忆

要用形象来掌握记忆的对象

要边推理边记忆

要进行有效反复的记忆

要运用联想来帮助记忆

只有学会休息，才能更好地记忆

综上所述，要培养良好的记忆力，至少要牢牢地记住 9 个要点：

记忆的基础——理解

记忆的根本——背诵

记忆的捷径——联想

记忆的益友——争论

记忆的仓库——卡片

记忆的窍门——重复

记忆的媒介——趣味

记忆的动力——应用

记忆的助手——简化

三、借鉴名人的学习记忆方法

许多名人有惊人的记忆力，和他们学习时使用的方法密切相关，其中有些方法也是提高记忆效率的方法。现列举如下，供朋友们借鉴使用。

1. 孔子的“学思结合法”

他说：“学而不思则罔，思而不学则殆”。阅读一遍后，立即回忆和思考对提高记忆效果是很明显的。

2. 子思的“五之法”

即博学之，审问之，慎思之，明辨之、笃行之。主张学习时用脑思考，积极开展思维活动在大脑建立广泛的联系，而且还主张积极的实践，把学习内容变成自己的活动对象。这对记忆力的提高是非常有效的。

3. 朱熹的“三到法”

读书时要口到、眼到、心到。识记时并用思维、回忆等，其提高记忆效果的作用是显而易见的。

4. 王充的“古今法”

知古不知今，谓之陆沉；知今而不知古，谓之盲瞽。用对比的方法学习，可以掌握事物内在规律，加深理解，增强记忆。

5. 鲁迅的“十字法”

即多翻（多翻各种各类书籍以开拓视野，启迪思路，增长知识），跳读（若是只看书本的一处，无论多久都不懂时，可跳过去向后看，于是连前面的也明白了），设问（带着问题去读书），五到（心到、口到、眼到、手到、脑到），立体（既有一般的泛读，又有重点的深掘；既有横断面，又有纵剖面，既有对原著的钻研，又有对有关资料的涉猎）。可以说“十字法”概括了提高记忆效率的精华。

6. 华罗庚的“厚薄法”

即读书时由厚变薄，说明掌握了书本的纲要，是阅读水平提高的标志，也有助于加强记忆。

7. 陶行知的“十字诀”

序（由浅入深，循序渐进），勤（业精于勤荒于嬉），恒（持之以恒，锲而不舍），博（从精出发，博览群书），问（不耻下问），记（多动笔墨，多做笔记），习（温故而知新），专（专心致志，专一博广），思（多加思考，学会运用），创（触类旁通、敢闯新路）。与鲁迅的“十字法”对提高记忆力有异曲同工的作用。

8. 培根的“酿蜜法”

培根说：“我们不应该像蜘蛛那样在肚里抽丝，也不应该像蚂蚁那样单是收集，而应该像蜜蜂那样采百花，酿甜蜜”。博览群书，积累丰富知识经验，再经过大脑思考加工，不仅能提高记忆效果，而且还能有所创造，有所发明。

9. 哥白尼的“合精法”

善于集合相近科学的理论精华。在边缘学科中探索，发挥了人的主观能动性、积极性，在头脑中经过全面思考，不仅能记住有关学科的精华，而且还能创造出新理论、新学科来。

10. 心理学家洛克的“多少法”。

心理学家洛克说：“学到很多东西的诀窍，就是一下子不要学很多东西。”生理学家巴甫洛夫的“循序渐进法”，指的是要想一下子全知道就意味着什么也不知道。说明了学习材料越多，遗忘也越多的规律。

四、讲究学习技巧，提高记忆效果

1. 读书技巧和记忆效果的关系

读书的技巧和记忆效果有直接的关系。阅读方法有：

略读、要读、精读法。培根说过：“有些书要浅尝辄止，有些书则要整个的吞，更有少数书，要细细地咀嚼，然后加以消化。”指出了读书的技巧：一是略读，指的是读书旨在领略梗概。用极短的时间迅速浏览全篇，其要领是找出每章节的大小标题，将其过目一遍，就能略知全书的大意。对于无标题的书，可读每章中的第一段和每段中的第一句，因为每一章的主题多在第一段，要领通常在第一句；或者用眼一页一页地扫描一段，注意黑体字或斜体字，也可获其大意。二是要读，指的是读书旨在把握全书的重点。读书时把注意力放在重要的词句或短句上，可以忽略修饰语。加上读得快，重点也抓得住，并且省时。三是精读，指的是读书既要掌握大意，又要抓住重点，更要抓住细节。精读时要求掌握重点和重点之间的层次联系，又要掌握重点中的细节，通常的细节是重点的例证。四是心到、眼到、手到的配合。心到，是指注意力集中，一心不二用，再是指读书时要积极去联想和思考。眼到，指阅读时眼光沿着一行行文字动一动，停一停。要提高阅读效率，要尽量缩短每次停顿的时间，还要增加每次停顿所读的字数，但不能采取忽略过多字句的办法提高阅读速度，否则妨碍对文章的理解，欲速则不达。手到，指的是把全文略读完后，在重要的字句下面画上线，并且做好笔记，把全篇重点精简扼要地整理出来，纲目全备，层次分明，使全文的内容浓缩在二三页纸上。读文学作品宜做评注式笔记，读数理化书籍宜摘记要点及收获体会。

SQ3R 阅读法。所谓 SQ3R 是 5 个英语单词的第一个字母组成的缩写。S 代表 Survey(浏览)，Q 代表 Question(发问)，3R 分别是 Read(阅读)，Review(复习)，Recite(复述)。指的是读书时先浏览目录、图表、注释等，然后经过思考提出问题使学习有目的和兴趣，再带着问题去阅读做到眼到、心到、手到，及时复述，即回忆发现未掌握好的难点再突破之。最后是复习，要反复进行。根据回答问题和回忆出来的程度有重点地复习。美国衣阿华大学的学生使用了这种读书方法后，知识掌握得快，记得牢。

2. 听话技巧和记忆效果的关系

人类用语言沟通的方式是读、写、讲、听。据统计，听占时间 42%，讲占 32%，读占 15%，写占 1.1%。因此，提高听话的技巧对记忆的效果十分重要。方法有：

心耳共用法。指的是听讲时，注意力要集中，边听边在心里复述讲的重点，要听懂不同层次的含义，还要观察言者的表情和其他动作，重要的还要运用判断力去听，内容有四：抓住重点及含义；从听到的资料中推理出正确的结论；区别开事实和个人看法；分析有无偏见或成见或有无错误结论；(后者多用于日常工作生活中)。

love 学习法。所谓 love 是四个英语单词的第一个字母组成的缩写。l 代表 listen(听)，o 代表 outline(写出纲要)、v 代表 verbalize(表述)、e 代表 evaluate(评价)。所谓 listen 指的是在了解某章内容后，一个人以适当速度大声读，直到读完，另一个人认真听，摘要记下来。所谓 outline，指的是听者记下关键词、名字、数字，并要求重复某些内容或提出问题。读完一章，听者要写出一个与听的内容相同的提纲。所谓 verbalize 指的是听者以提纲为基础，向朗读者复述这部分内容。所谓 evaluate 指的是阅读者评价复述者的准确性或完整性。通过二人的听、写、复述等练习，学习者能准确、牢固记住学习的内容。

3. 反馈思维和记忆效果的关系

反馈思维指的是一个成功的学习必须包括输入信息、输出信息、评价信息、反馈信息四个过程，构成一个完整的学习闭环。输入信息是吸收知识的过程，输出信息是转换知识的外化过程，如在学习中发现问题，提出问题，向能者请教发问，与学友交流探讨，运用学到的知识解决实际问题，发表文章等都是输出信息的过程。评价信息是外界对输出信息的评审和评论。如专家的指教，同行的争鸣，编辑部的意见等。反馈信息是将外界评价加以整理、分析，提取有益成分，反馈给知识输入过程，实现对学习内容、目标的控制。通过这四个过程，学习的内容就会牢牢记住，保持很长时间，如果输出信息有错误被纠正后，这样的内容也许终生不忘。因此，在学习中引进控制论、信息论的观点，无疑对记忆的提高有极大的促进作用。

五、讲究科学用脑

所谓科学用脑是遵循大脑活动规律进行积极思维、提高用脑效率的方法。

1. 利用自己最佳用脑时间进行学习和记忆

所谓最佳用脑时间指的是脑细胞处于高度兴奋的时刻，在这个时间里大脑的工作效率最高。充分利用这段时间，学习记忆都会取得更好的效果。然而，最佳用脑时间是因人而异的。有的人一到夜间，大脑处于兴奋状态，思维敏捷，精力集中，工作学习效率很高。如鲁迅常常是到了晚上开始写作直到凌晨一二点。有些人大脑在清晨和白天处于兴奋状态，思维记忆效率高。如诗人艾青喜欢在清晨写诗。此外，就“前摄抑制”和“倒摄抑制”的影响来说，清晨起床和晚上睡觉前记忆效果比较好，在这两个时间学习只受其中一种抑制的影响，因此在清晨或睡前进行学习和记忆是比较适当的。对不同年龄的人，用脑时间的安排也应有区别：青年人不适于夜间用脑，中老年人在保证了六七个小时实际睡眠情况下，夜间用脑是合适的。许多人因为工作原因，不能按大脑生理节律安排学习，可以采取每天强制规定学习时间的方法，久而久之，就可形成自己的最佳用脑时间。

2. 变换学习内容和学习行为

大脑皮层有明确的机能定位区，所以当一部分神经细胞疲劳时，可让另一个区的神经细胞继续工作，这种交替可使脑工作时间延长。变换学习行为也可提高用脑效率。如背记一批外语单词时，只读念单词，效果不好，如果有读、有念、有写，中译英，英译中，同学之间互考就可以引起兴趣，收到好的效果。日本金子满雄教授指出，琴、棋、书、画等有独创性的活动可以防止大脑老化。因为右侧大脑主管想象力、判断力、注意力，左侧大脑主管语言、计算和记忆。日常生活中左脑比右脑使用得多，因此到老年右脑容易比左脑衰退。琴、棋、书、画活动可常刺激右侧大脑，可以纠正这种两侧使用多少不一的现象，防止大脑老化，延长人一生的用脑时间。

3. 遵循大脑活动规律，提高记忆效果

重视新鲜事物对大脑皮层的首次刺激，使首次刺激形成强烈印象留在大脑中不易忘记（适用于记忆某种新理论，新定义），眼、耳，手、口同时并用（适用于记外语单词），与别人争论某个问题（适用于纠正记忆错误、加深理解）；发掘事物特征或有趣味之处，引起大脑产生兴趣和联想（适用于记外语单词、历史年代、人物、公式等），对不同的内容进行分类、归纳，增强逻辑性和大脑的记忆线索(适用于记忆基础理论课、外语)，学一大厚本书时，可在学习中自编提纲或纲目表，使材料系统化(适用于记忆学派观点和系统掌握某学科知识)。

第三章 时间是快捷记忆的灵魂

在“钟表王国”瑞士温特图尔钟表博物馆内的一些古钟上，刻着这样一些富有哲理的词句：“如果你跟得上时间的步伐，你就不会默默无闻。”

翻开人类科技发展史，就可以发现，人类的种种发明创造，都是为了节省时间。火车代替马车，电视取代影剧院，计算机、激光的出现，无一不是为了节省时间、争取时间、赢得时间。

马克思曾说过这样的话：一切的节约归根到底都是时间的节约。

记忆是在时间中进行的。自古以来，人们一直在探索怎样勒住时间的缰绳和利用时间的方法，以增强自己利用时间的能力。而现代社会更是一个高速变化的社会，每个人的生活和学习节奏如轮飞转。在新一轮学习的浪潮掀起之际，高效、合理地利用时间，成为时间的主人，便是快捷记忆的关键。

毋庸置疑，谁能拥有更多的时间，谁就能记得更多，谁就能获得更多的知识。

一、惜时惜金，分秒必争

有些人哀怨岁月无情，时光不再；有些人叹惜光阴珍贵，人生短暂。

可是，在哀怨和叹惜声中，时间又悄悄地从身边流逝。

还有些人有感于时间的宝贵，不止一次下决心合理安排时间，遗憾的是半途而废、虎头蛇尾，于是“靡不有初，鲜克有终”。

凡此种种，都是缺乏时间精神的缘故。我们如何树立自己的现代时间精神？

1. 时间就是知识

人生最宝贵的是生命，而时间是组成生命的材料，所以时间也是最宝贵的，时间就是生命。

苏联作家格拉宁说：“时间比过去少了，时间的价格比过去高了，这就是现代社会的时间。”

在学习的浪潮中遨游之际，必须意识到，时间就是知识。谁能拥有更多的时间，谁就能记得更多，谁就能获得更多的知识。

日本东京大学名誉教授渡边茂，提出过“3 万天学习论”。他假定一个人能活到 81 岁，那么他拥有的时间也仅有 3 万天。看起来，3 万天是个大数字，其实，在 3 万天里，每天能用来学习的仅有几小时。从幼年算起，假定每天多读书 1 小时，到 81 岁也只有三年多的时间。如果每小时读 10 页书，那就可以读 262000 页书，其厚度将是 89 套《马克思恩格斯选集》4 卷精装本，叠在一起将有 3 层楼房那么高。

今天，科学技术的发展，一方面高度分化，另一方面又高度综合，知识信息以前所未有的速度扩增和更新，知识失效率比 40 年代加快了 1 倍。现代的学习，需要比过去更多的时间才能追得上知识的发展。

时间就是知识，它应该成为我们的一个警句、一种观念。

2. 生死时速，争分夺秒

在时间上无始无终，表现出时间的无限性。时间对人的一生来说，又是有限的，有始有终的，但是它在人们手里产生的价值却是不可估量的。

在同样的时间里，勤奋造就天才，怠惰养成蠢才。

人类对时间的意识和控制，随着社会的进步而逐渐加强。古代人通过日晷、水漏仪来计算时辰，一天 12 个时辰就足够了。现代人认识到了时间的价值，计量时间的单位由时、刻、分、秒逐步精确到毫秒、微秒、毫微秒、微微秒。

俄罗斯军事家苏沃格夫说："一分钟决定战局。我不是用小时来行动，而是用分钟来行动的。"

运动场上，以 1/10 秒或 1% 的时间之差，决定谁是纪录的创造者。在航海中，使用 6 分仪的海员，1 秒钟的差错，将使他的观测相差 1/4 英里。人造卫星每秒钟飞行 11.2 千米，电子计算机每秒钟可以运行百万次、千万次、上亿次、几十亿次。高能物理实验，要求高能探测器在 1‰毫秒内精确地记录下高能带电粒子的径迹。在激光核聚实验中，要求在 10^{-9}~10^{-10} 秒内，用激光加热热核材料至亿度高温。

总之，现代科学"争分夺秒"已经不够了。

历史上的记载大体上是以年为单位。民法上的契约，多数以日为单位。铁路的列车时刻表是以分为单位。我们在学习上姑且以分为时间的最小单位。如果我们珍惜每一分钟，做到时不空过，朝着认定的目标努力学习，总有一天会聚沙成塔，在事业和学业上获得成功。

雷巴柯夫说：用分来计算时间的人，比用时计算时间的人，时间多 59 倍。

勤奋，从一定意义上说，就是能够做到"时不空过"。时间的加法，对于懒惰的人来说，带来的只是衰老、忧郁；对于勤奋的人，带来的是进步、成就。一位中央首长号召一个人一生中要读 2 亿字的书，细算起来，只要每天坚持以每分钟读 300 字的速度每天读 30 分钟，读 60 年就可达到这个要求。

美国有句谚语：事情就怕加起来。古今中外，一切在事业上有成就的人，在他们的传记里，常常可以读到这样一些句子："利用每一分钟来读书。"

3. 要善于抓住时间的脉搏

机不可失，时不再来。只有善于抓住时机，珍惜时间，才能学到更多的知识，这也是立足于社会的永恒法宝。

抓住时机去学习，不仅要增加学习时间，同时，在客观上也能提高学习效率。

按照人作用于社会的过程，可以将人生分为：准备时期 (7 岁左右为学龄前时期，7~25 岁为学龄时期)、工作时期及晚年工作和退休时期。科学研究表明，5 岁前，人的各种能力发展迅速，把 17 岁的人的普通智力看成 100% 的话，那么，从出生到 4 岁，可发展到 50%，这是一个萌发期，而在这个萌发期给儿童以丰富适量的信息刺激，其才能可以得到较为充分的发展。在萌发期之后，才能的发展随年龄的增长一般呈递减规律。

学龄时期的作用越来越被人们意识到。这是最富有生命力的、记忆力最好的，向上性、求知欲和进取心最强的，容易接受新知识、新技能和形成新习惯的时期。中小学学习阶段则是人的成长和发展打基础的重要阶段。据对华东师大 200 名研究生、中青年骨干教师和老教授的调查，题目是："哪个学段对您成才影响最大？"结果表明，他们都认为，影响成才的第一位学段是高中，占调查人数的 50% 以上。

抓住时机的学习，是起飞前的准备。而这种准备的细心和完善程度，将影响到每个人起飞的方向、高度和持续性。

4. 顺应时代，主动学习

今天技术社会的变化是那么迅猛、无情，以致昨天是真实的今天突然变成虚幻的，连社会中技艺最熟练和最聪明的成员也承认，即使是在极为狭小的领域里也很难跟上新知识的洪流。

新的知识不是发展就是扬弃旧的知识。无论哪种情况，都迫使与此有关的人重新组织他们贮存的形象，强迫他们今天重新去学习昨天自认为已经掌握的东西。因此，美国约克郡大学副校长詹姆斯爵士说："我 1931 年在牛津大学取得第一个化学学位。"但是他看了今天牛津大学的化学试题之后说："鉴于三分之二的试题涉及我毕业时还没有的知识，我不仅不会做，而且以后也不会答出来的。"

按今日知识增长的速度计算，今天出生的孩子到大学毕业时，世界上的知识量将增加 4 倍，这个孩子 50 岁时，知识量将增加到 32 倍，而从他出生以来世界上全部知识的 97%，将已为人们所掌握。

要在变化很快的社会中立足，适应迅速而复杂的变化，个人就必须以和变化的节奏相对一致的速度，去改变自己已有的形象和原有的知识。要赶上时代，亦步亦趋地被动适应只会让人感到垂头丧气和束手无策，而主动学习将会使步调的跟随显得相对轻松。

机遇，只偏爱主动学习和有准备头脑的人。

二、效率是记忆的生命

很多记忆时间的安排杂乱无章，兴趣来了，读书看报；兴趣一散，什么全放。这种无原则无指导的时间运用，极大地降低了记忆的成果和效率，浪费了有限的光阴。正确的记忆运筹原则，将会产生事半功倍的效果。

1. 高效性原则：效率即为记忆的生命

运筹时间的关键是提高时间效率系数。千方百计地提高单位时间的利用率，就是时间运筹的效率原则。

人们无论干什么事情，都要讲究效率。现代人有一个著名口号：“时间就是金钱，效率就是生命”，把效率看得同生命一样重要，我们对学习可不可以说：时间是学习的金钱，效率是记忆的生命。

在经济工作中有这样一个公式：

效率 = 价值 / 时间

也就是说，最大的价值，用无限的时间去除，效率是零。正如创造型人才温元凯教授所说：“要经常琢磨一下你的效率系数高不高，因为有用功等于时间乘效率系数。老是开夜车，死拼时间，夜半三更，头昏眼花，实际上大脑吸收率已趋近于零，还在那里记单词，能有效率吗？时数再去乘一个接近于零的数还不就等于零吗？”

古时苏秦悬梁刺股，是用减少睡眠来增加读书时间；董仲舒“三年不窥园”，是用取消娱乐来增加读书时间。这种精神可佳，但不能提倡。有研究表明：连续工作 36 小时，只睡 3 小时，工作效率为原先的 55%；连续工作 44 小时，只睡 4 小时，工作效率是充足睡眠的 36%；如果连续 60 小时以上不睡觉，就会明显地感到疲劳，注意力难以集中，发生视觉、触觉的错误，无法进行正常的工作了。

上海育才中学，每天下午保证 1 小时的体育活动，学校场地小，就开展男拳女舞活动。他们总结出这样一个看起来令人费解的不等式：7 十 1>8。其含义是，从每天 8 小时学习时间中，抽出 1 小时从事体育锻炼，结果学习效率大于 8 小时的学习。毛泽东同志在紧张的工作之余和饭后，总要散散步，打打乒乓球。他曾对子女说，一个人在疲劳之后，即使再连续学习 10 小时，也不如休息好了以后学习 1 小时效率高。

提高单位时间利用率，最有效的办法就是在学习时专心致志，“用志不分，乃凝于神”，使注意力高度集中，达到如痴如迷的地步。大科学家牛顿误把怀表当鸡蛋煮；黑格尔一次思考问题，在同一地方站了一天一夜；爱因斯坦看书着了迷，把一张价值 1500 美元的支票当书签丢掉了；陈景润走路时思考问题，不幸撞到了树上；等等。这都是注意力聚焦迸发出智慧火花的轶事。

要讲究效率，还要加快生活节奏，采取提高时效的有力措施，抹掉低效时间，扩大高效空间。

2. 整体性原则：团结就是力量

所谓整体性原则，就是把一定的时间作为一个整体运用，争取运筹的最大效益。

从时间运筹的效益来看，有个体效益和群体效益，有微观效益和宏观效益、眼前效益和长远效益等，我们追求的应该是整体效益。有的人把空闲时间随便浪费掉，感到 5 分钟、半小时不足挂齿。但如果作为一个整体来运用，那就是一个可观的数字。一个教师上课时忘记带实验仪器，不能按时上课，这种时间的消费值应是延误的时间乘以全班人数，数字是惊人的。

善于运用时间的人，对自己一生中的每一天、每一月、每一年的工作和学习，都有一个整体安排。苏联昆虫学家柳比歇夫，从 26 岁开始，就对自己实行了一种"时间统计法"。他把自己的一生的时间制定了一个个5年计划，对自己每分钟、每小时做了些什么，时间利用得是否恰当，都有详细的记载。而且像吝啬的小商人核算金钱那样核算自己的时间，日有小结，月有大结，年有总结，每过5年，把度过的时间和做过的事情进行一番分析研究。56年如一日，从未间断，力求最大限度地利用有限的时间。这位活了82岁的科学家，共发表了近70部学术专著，还写了12500张打字论文。他取得丰硕成果的重要原因之一，就是对时间整体效益的充分认识和发挥。美国作家梭罗说得好："一味忙是不够的，问题是，我们在忙什么？"显然，没有计划的忙是瞎忙。

做好了对时间的整体安排，才能使我们记忆有条有理，使我们的生活在高时效、高效益的经纬中进行合理的组合。

3. 科学性原则：走出昼夜学习的误区

所谓科学性原则，就是强调时间安排的合理性，记忆时间符合年龄、生理和心理、职业、性别以及记忆不同阶段的特点。

注意是一种心理活动，注意要受个性倾向性的制约，不同的人表现出不同的个性特性。就以注意的稳定性来说，不同年龄的人注意所持续的时间不同。日本石川勤先生从这一点出发，认为不同年龄的人每次记忆的时间是：

年龄(岁)时间(分)

3~525~30

6~830~40

9~1240~50

13~1550~60

成人60~90

上表告诉我们，在记忆中的时间安排，是采取分散法，还是采取集中法，必须从年龄特点出发。

性别不同安排时间的方法也不同，有人认为，男人在读书时用左半脑，在看地图时用右半脑。而女人的大脑分工不是如此分明，控制视觉能力的部分也有语言的功能，控制语言能力的部分又有视觉的功能。因此，她们往往同时用大脑的两个部分来学习，这就使得她们在某些方面比男人更具有观察力。就知觉和思维的速度而言，女的明显地超过男的。例如，女的阅读速度超过男的而且在复述阅读时优于男的。在一般情况下，小学生中的女孩子比男孩子的考分要高。

有人说："三更灯火五更鸡，正是男儿读书时。"还有人说："青灯黄卷月影摇，夜间读书兴头高。"不同的人有不同的读书安排。我国著名历史学家、教育家陈垣，生前曾把自己的书房起名为"励耘书屋"。每天清晨，当时钟指到4点钟的时候，书桌上的灯光就准时亮了，开始了他一天的读书和写作。几十年如一日，不论阴晴寒暑和睡眠早晚，都是每天清早4点钟起床。

有些人产生一个错觉，似乎科学家要取得成功，必须每天长久地连续奋斗；要想记忆好，学习棒，就要有"头悬梁""锥刺骨""铁杵磨成针""学海无边苦作舟"，等等。勤固然是取得成功不可缺少的因素，但仅靠勤奋就能保证记忆得好吗？世界上勤奋、刻苦的人并不少，成才者却寥若晨星。所以，我们还要强调记忆时间安排的合理性，做到适时地进行工作、学习的调换和注意劳逸结合。苏联卓越的生理学家巴甫洛夫是以生活的规律而闻名的，他活了87岁，身体强健，精力充沛地从事了60多年的研究工作，常常一天工作12小时，这和他有良好的生活习惯是分不开的。工作时，他专心致志，一丝不苟；休息时，他专心在花园里消遣、听音乐、阅读小说；并保证一天睡足8小时。这大概由于他是一个生理学家，更懂得合理支配时间和科研工作关系的缘故吧！

三、定时运筹时间：高潮带来高效

定时运筹时间，是指运筹时间的严格性，养成定时记忆同一科目内容的习惯。

根据巴甫洛夫条件反射原理，如果在固定的时间、一定的环境条件下，看同一科目的书籍，那么，每当打开书本，大脑的有关部位就会不由自主地兴奋起来，从而取得更好的效果、如每天早上在固定的时间和地点背外语单词，时间久了，可增强记忆效果。就像每到吃饭时间，人的唾液和胃液照例要分泌一样。所以，什么时间做作业、预习、复习，什么时间阅读课外读物，什么时间听广播、看电视、参加文体活动，星期日怎样安排，都要尽量固定。除特殊原因外，保证准时完成计划。法国著名作家维克多·雨果，有一回为了按时完成一部新作品便紧张地投入写作中去。可是，外面不断有人来邀他去赴宴，出于礼节，他不得不去，为此浪费了很多时间。最后，他想出了一个绝妙的办法，把自己的头发剪去一半，又把胡子剪掉，再把剪子扔到窗外。这样，他就不好出去会客，不得不留在家里按时完成他的写作任务。很难想象，一个没有定规、松松垮垮、起居无定、生活散慢、学习不定时的人，在学习和事业上能取得显著的成效。

科学家已证实，人体内存有体力、情绪、智力三种周期。每个周期控制着各自的能力，如智力周期控制着人的学习能力、记忆能力和逻辑思维能力，以 33 天为一周期。人的体力大约 23 天为一个周期，人的情绪大约 28 天为一个周期。每个周期中，又区分为高潮期、低潮期和临界期（高潮期和低潮期两段起始的 0 线）。高潮期也就是最佳时间。人的智力周期的高潮期，脑子清楚，逻辑思维能力强，工作效率高；低潮期反应较迟缓，临界期就更差。一周之中，由于长期的星期日休息制，因而，也形成了智力周期。星期一和星期六临近休息日，智力有下降趋势。在一天中，人的智力也是存在周期的。研究表明：上午 8～12 时和下午 3～6 时是效率最高的时间，中午 1 时左右和黄昏最差；对于晚上读书的人来说，晚上 8～10 时是最佳时间。

俄国著名地质、地理学家弗·阿·奥勃鲁契夫，把每个工作日分成“三天”，“第一天”，从早晨到下午 2 时，用于最重要的工作；“第二天”，从下午 2 时到晚上 6 时，用于比较轻松（如写书评、做笔记）的工作；“第三天”从晚上 6 时至 12 时，用来看书、开会。这是按质用能的一个例子。当然，不能绝对化，不能照搬，要根据自己的特点来确定。我们不妨可以一试，根据按质用能的原则，去安排时间。例如，在高效时间读艰深的书籍，在效率低的时间做些摘录剪贴等。

四、挤海绵里的水：记忆在于运筹好你的时间

发明家爱迪生在他79岁时，宣称他已是135岁的人。何以出现这种情况？

这归因于爱迪生对时间的运筹有方，合理安排，从而充实了他的时间容量，延长了生命。

时间是个常数，在时间面前人人平等；时间又是个变数，由于运筹的方法不同，每个人占有的实际时间又是不平等的。

据说，在美国兴起了一种“利用时间”专业，专门研究怎样以较少的时间做更多的事。有些学校开设了“怎样支配时间”这一专业课程，受到热烈欢迎。

认识自己的时间，运筹好自己的记忆知识，你不但丰富了知识，而且延长了生命。

1. 认识自己的记忆时间

美国管理学家彼德·杜拉克指出：“认识你的时间”，的确是任何人只要肯做就能做到的。这是走向贡献和有效性之路。只有认识了自己的时间，才能有效地安排和运用时间。

如果人的平均寿命以72岁计算，一生中共有630，720小时，折算为秒是2,270,292,000秒，取其整数，就是22.7亿秒！你可是时间的“亿万富翁”！然而，你先别高兴，这些时间不能全部列入你的开支，因为这仅仅是“名义时间”。据一位日本记者对美国人的调查表明：72年的时间分配大约是这样：睡觉占去20年，吃饭6年，生病3年，工作14年，读书仅3年；而体育、看戏、看电影等活动则要占去8年，饶舌4年，打电话1年，等人3年，旅行5年，打扮5年。请注意，读书仅占3年！尽管这个统计不一定很准确，而且美国人和中国人的生活习惯不同，但这些数字却能给我们一些启示。我们是否可以把人的生活时间，大致分为求学或工作时间、生活必需时间和空闲时间三个部分。可供我们实际利用的时间，应扣除生活必需时间。能为我们实际利用的

时间，就是“实际时间”。

而学习记忆时间，只有大约 3 年，仅此而已。因此，科学的安排显得极其重要。

2. 记忆时间运筹的方法

现在，根据记忆时间运筹的原则，来分析记忆时间运筹的具体方法。

(1) 整段安排法

这是指长时期乃至一生时间的安排。树立自己的正确目标，对自己的一生进行总体设计，为实现的确实目标进行总体规划。

确定主攻方向是一个人一生中最重要的战略抉择。没有目标，就会盲目行动，从而浪费时间和精力。人们问一位农夫，为什么他能够在一块长长的田里犁出如此笔直的沟，他答道：“我总在田的另一头选中一个目标，两眼盯住这个目标，对准它犁过去。”

人生犹如一张大的时间表，从青少年一直到垂暮老人，究竟想成为什么样的人，应该在这张大表上认真填写。德国化学家利比息从小热爱化学。有一次，当他所在学校的校长在大会上问每个学生的志愿时，他第一个站起来，大声回答说：“我将来做一个化学家！”经过努力，利比息 23 岁就成了大学教授。苏联昆虫学家柳比歇夫，从 26 岁开始，对自己实行一种“时间统计法”，就是一个整段安排时间的具体例子。

每个人都应该根据自己的目标和实际，制订一份长期时间安排预算表。这样，你的一生便不会耗费在许多难以记起的琐事上。

(2) 阶段安排法

以星期、月、年或几年为单位，进行一个阶段时间的安排，这是为完成某一项学习任务，而对自己规定一定的时间的安排。

在这种方法上，可以参照在校学生的时间表安排。

又譬如，每周的安排，就是一个基本单位。在一周内应读哪些书，参加哪些活动，课余时间怎样利用等，都应有计划地安排妥当。

时间安排是自己的事情，要根据个人的情况来制订，千万不可照猫画虎。还要做到在周末检查一下执行情况，如有必要也可变动。不过，以少变动为好，因为制订时间表的目的在于养成良好的学习习惯。

(3) 短时安排法

对小段时间，以小时、日为单位进行安排。短时安排是现实时间的安排，对落实阶段安排和整体安排有重要意义。俄国大诗人普希金在谈到自己成才经验时说：我完全控制一天的时间，因为脑力劳动是离不开次序的。

上海市某中学凌向明的体会是："我每天早晨起床后（不过分早起），背英语单词。吃完早饭参加学校组织的早操，然后进行早读、上课。课间休息时走出教室活动活动。午饭后看看报刊或打乒乓球，安排一个短时间的午睡，以保证下午上课有充沛的精力。下午课后的自修时间，我就趁热打铁，做完作业（因量而异，多了就留一部分到晚上做），复习一下当天的功课。放学回家到晚饭前，主要就是娱乐了，听听音乐，和知心同学探讨探讨各种问题。有时也留在学校做些社会工作。晚饭后到睡觉前时间比较集中，可以用来复习或继续完成作业，也可以用来预习或做些课外习题，看些课外书籍，等等。同时做到适时睡觉，保证足够的睡眠时间。"这种作息内容的顺序安排，既保证了学习，也兼顾到了休息。当然，这种安排也不一定适合每个人。每天的作息时间安排应该符合自己的特点。每个学习者都要针对自己的职业、年龄、时间的特点，作出切合实际的安排。

(4) 精确安排法

精确安排法，是指学习者对时间有一个精确的规划，有一个严格的时间表。托尔斯泰说："要有生活目标：一辈子的目标，一个时期的目标，一个年度的目标，一个星期的目标，一天的目标。一小时的目标，一分一秒钟的目标……"。下面这张时间表是王若飞同志 1920 年留法勤工俭学时的每日作息表：

上午 5 时起床；

5 时半到 6 时半读书；

6 时半吃咖啡入厂（由宿舍到工厂要走 1 刻钟）；

7 至 11 时半做工；

11 时半至 12 时半午餐；

12 时半至下午 1 时阅读；

下午 1 时入厂；

1 时半至 5 时做工；

5 时半至 6 时晚餐；

6 时半至 9 时读书；

9 时半后睡觉。

精确安排法，不仅要求对记忆时间作出精确的安排，而且在一定的时间里，对记忆的内容也作出精确的规定。实验表明，这样做可激发学习者的求知动机。集中注意力，提高学习效率。据麦耶思 (Myers) 的研究，他用的记忆材料如下：

beattowdesertwaist

statuemeetweekpear

dessertwastestaketoe

steakkerelheatmeat

weekpairstatuecolonel

麦耶思以女子 13 人为实验对象。事先对时间不加限制。结果，平均每人需 14 分 47 秒，其中 9 人获得满分，其余 3 人则有 1 ~ 3 个错误。另外，对照组以女子 24 人学习同样的材料，限时 9 分钟，结果，有 10 人获得满分。这一实验证明，在有时间限制时所费之时间少，而所得的效果大。

(5) 弹性安排法

这是相对于精确安排法的一种时间运筹法。就是说，根据自己既定的目标，有一个大体时间安排，没有严格的时间限制。

弹性安排法，在国外形成了一种制度。在这种制度下，每位员工可以随自己的意愿在任何时间上班和下班，只要能完成一定的工时或工作任务就行了。多完成的工时或任务可以计为下一个期间，未满的工作时间或任务，也可以在下一期间补足。美国第一家试行弹性工作时间的公司是麦士舒密特公司。在 1967 年，人事经理希伯特鉴于工厂附近的交通非常拥挤，上下班时总是排长龙，工人们在这段时间显得非常不安。因此，他就试行错开式工作时间，容许员工选择上下班的时间。这种制度的好处是灵活机动，能按个人的生活节奏处理事情，但也存在着不利于管理、不利于大工业生产等缺点。从学习者的时间安排来说，大多数人一般都采取这种安排方式。譬如说，到图书馆借一本书，要求自己在一周或一个月内看完等就是弹性安排的方式。

学习上时间的弹性安排法，可根据学习记忆的内容多少、完成学习任务的时限等，作出一天、一周、一月、一年或更长时期的弹性安排。

(6) 无缺点安排法

优点和缺点是一对“孪生儿”，如同生理现象中的睡梦与清醒，自然现象中的黑夜与黎明紧密相联那样，优点与缺点是相辅相成的。“人非圣贤，孰能无过。”然而现在，国外却出现了一种叫“无缺点”管理，亦称 ZD 计划运动。这是将作业的缺点或缺陷尽量减少到零，以作为目标计划管理的方法。我国在企业、商店推广的“无次品”“无差错”的竞赛，实际上也是“无缺点运动”在质量管理上的表现。这是对“错误人人不可避免”“失败为成功之母”传统观念的一种挑战。在这里，我们把它移植过来，叫无缺点安排法，即在学习时间管理上，要运用数学上的统筹法，强调时间安排的顺序，最大限度地利用时间。比如参加考试，有经验的人都懂得按照顺序，先易后难解答试题。这样安排的顺序有什么好处呢？首先，可以使你立即进入答题阶段。由于注意力集中了，刚进场的紧张心情得到了解脱；其次，不会因难题做不出来白费功夫，而没有时间去做会答的题。

无缺点安排的基本要求是：

①要做哪些事情？学习什么内容？要做哪些准备？

②每件事要多少时间完成？

③先做什么？后做什么？

④哪些事情做完了才能做这件事？

⑤哪些事情必须等这件事情做好了才可以做？

⑥哪些事情同时可以做？

⑦哪些事情放在最佳时间去做？哪些事情放在空闲时间去做？

3. 自由时间就是挤出来的财富

学习时间的运筹艺术，其关键是节约、利用自由时间。马克思在《剩余价值理论》一书中指出：“……财富就是可以支配的自由时间，如此而已。”而随着经济和社会的发展，自由时间有渐渐增加的趋势，利用好自由时间对学习影响深远。

自由时间大多是零星的时间，也可以说是记忆的低效时间，如课余、工作之余、饭前饭后、睡前、车船中等。如何利用自由时间来进行学习呢？

(1) 处理杂事。与学习有关的事情很多，用零星的时间来削铅笔、收拾用具、整理学习环境，用来整理书包，按第二天上课的课程，有次序地放收教科书、笔记本，清理文具等。俗话说，“磨刀不误砍柴工”，做好学习准备是必要的。

(2) 做摘记或做学习卡。有一个教师利用上课间隙的时间，坚持做摘记卡片，每年 200 张，10 年就在 2000 张，现在他已有了自己读书的索引卡片库。杰克·伦敦是美国著名作家，在他的房间里，不论是窗帘上、衣架上、床头上、镜子上，到处都挂着一串串小纸片，小纸片上写着生动的词汇、有用的资料，睡觉前、早起后、刮脸时，不停地看、不停地背诵。零星时间也可用来做这些小纸片和随身携带的学习卡。

(3) 读短篇或看报刊杂志。较短的自由时间适合读短篇。现代科技发展是一方面高度分化，另一方面又出现高度的综合趋势。因此，我们的学习要达到专业知识深，知识面宽的要求，有人称“T 型”知识结构。只有这样，才能拓开视野，利用知识迁移，作出奋斗目标的第二次、第三次的抉择，为人类做出应有的贡献。利用自由时间广泛摄取新学科、新知识的营养是非常必要的。

(4) 背诵诗词、记忆地名、年代和外文单词等。由于学习的内容和性质不同，整体时间和自由时间的用法也不同。一门较系统的、难度较大的学科，则需要整体时间，而有些内容，诸如背诵诗词、记忆地名、年代和外文单词，则可利用自由时间。从时间数量上说，一定的零星时间之和就是等量的整体时间，而像上面的安排方法，几千零星时间之和的效果就大于相同整体时间的效果。苏联昆虫家柳比歇夫，就是利用“时间下脚料”学会英语的。

(5) 讨论、求师。前面已经谈到，讨论、求师是学习途径之一。心理学家曾用问卷法向当代世界著名的科学家做过调查，问他们：对你创造性思维最有价值的活动是什么？科学家们几乎都认为：第一，交谈；第二，通信；第三，才是读他人的论文。明末清初大学者顾炎武，读书善于独立思考和钻研问题，又主张广交师友，以便互相切磋，取长补短。把学习中积累起来的问题，利用自由时间去和学友讨论，向老师请教，是充分节约时间的好办法。

(6) 整理资料。学习和科学研究总是离不开资料，诸如书籍、剪报、期刊、科技报告、学习摘录卡等。善于学习的人勤于积累资料，有了资料不勤于加工整理的人是不善于学习的表现。本来资料积累和加工是两个独立的阶段，但这两个阶段的工作最好是兼并进行、交替完成，这样可以减轻工作量。利用自由时间整理资料是最恰当的了。

当然，还会有更好的利用法，可根据自己的实际情况而定。这里说的利用自由时间学习法，是指自由时间中的零星时间。

第四章

识记是快捷记忆的基础

“倘能生存，我当然仍要学习。”这是鲁迅先生的名言。人生在世，总要接触、感受新的事物，总要学习和掌握新的知识。接触、感受事物，学习、掌握知识，都需要一个识记的过程。

识记是快捷记忆的前提，是快捷记忆的基础。无论是学习还是工作，无论是娱乐还是生活，谁都离不开识记。但是，尽管人们都在奋发努力，却总是有人学业卓著，颇有建树，有人腹中空空，一事无成。探究其所以然，除却其他种种缘故，识记方法的正确与否，实在是个不可低估的重要因素。

在记忆的迷宫里，每个通口都敞开着“识记”的大门。如果您走进不正确的识记之门，就会步入迷津，徘徊曲径，事倍而功半，如果您走进正确的识记之门，就会长驱直入，轻车坦途地通往快捷记忆的宝殿。谁不希望探索快捷记忆的奥妙呢？谁不愿意进行正确的识记呢？本篇为您指出几条识记的途径，供您选择。

一、短而散，用整体学习记忆

把所要识记的材料从头至尾一遍一遍地读到记熟为止，叫整体学习记忆法。

一位心理学工作者用诗作为识记材料实验，比较整体学习记忆法与分段学习记忆法哪个记忆效果好，其结果如下：

记 20 行诗：

整体法需要时间：14 分 17 秒

分段法需要时间：16 分 12 秒

整体法节省时间：1 分 55 秒

记 40 行诗：

整体法需要时间：35 分 16 秒

分段法需要时间：38 分 44 秒

整体法节省时间：3 分 28 秒

记 90 行诗：

整体法需要时间：62 分 38 秒

分段法需要时间：81 分 10 秒

整体法节省时间：17 分 32 秒

记 120 行诗：

整体法需要时间：139 分 55 秒

分段法需要时间：168 分 55 秒

整体法节省时间：29 分

记 240 行诗：

整体法需要时间：348 分

分段法需要时间：431 分 20 秒

整体法节省时间：83 分 20 秒

实验表明，整体学习记忆法效果好，原因在于所记的材料有连续性。整体记忆容易把握住材料的中心意思，前后各部分较为容易贯穿起来，不打断记忆的思路。如果对这种意义相联的材料用分段学习记忆法记忆，则需要在每一段衔接处回忆上一段中心意思，花费更多的时间记每段是怎样联结的。

对于意义不相联系，内容又很短的材料，用整体学习记忆法还是用分段学习记忆法效果好呢?

美国心理学家阿兰曾做过下面这样的实验，他把二十六个拉丁字母随意排成一列：

BEVDWGTKAIYHXULRZPQMSOJNCF

把这列字母念给参加实验的人听，要求背下来。先用整体学习记忆法，全部念完，反复数遍，直到全部记忆下来为止，计算所需要的时间。然后，用分段学习记忆法把同样排列的字母分成五个部分：

BEVDW GTKAI YHXUL RZPQM SOJNCF

将这五部分一部分一部分地读给大家听，先从第一部分反复读，记住为止，直到能全部背下来，计算所需要时间。

对很多人进行实验的结果是：整体记忆比分散记忆所需时间短。

对实验情况加以详细调查得知，用分段学习记忆法由于每个部分只有五个字，所以开始记得很快，也很容易，可是到了最后把各部分连接起来背诵整体的时候就乱套了。尽管一部分一部分地记起来容易，但因不清楚各部分之间的相互关系，所以难于顺利地联结为一个整体。

与此相反，整体学习记忆法则把全部文字当作一个整体牢牢抓住了。因此，原封不动地把它都记住就行了，而不必考虑它们的相互关系，所以是有利的。

但是，整体学习记忆法也有它的弊病，比如说，对整个材料一下子从头到尾通篇熟记，容易使脑神经感到疲劳，甚至使人产生一种厌烦感。对各个部分不分轻重主次，好记与否，一概而论，花费同样的时间，投入同样的精力，显然是不聪明的。再有，如果识记材料太长，更不宜于整体记忆。所以，在学习时，我们应先掂量好材料的分量，再决定是否用整体学习记忆法。

二、杂而多，用分段记忆法打歼灭战

把所要识记的材料分开几部分记忆的方法称为分段记忆法。

此种方法适合于学习内容杂而多，意义联系少而又零散的材料。比如：大量的人名，地名、历史年代、地理数据、外语单词等。

大量的材料要求一次记住，谁都会感到头疼，而短小的材料要求一次记住，谁都会感到轻松。"就这点东西呀，好记！"抱着这种心情去记忆，不知不觉中就会积少成多。因此，把大量的材料划成小段分别记忆，一段一段地打歼灭战，是个切实可行的好办法。

以多长材料为一部分比较恰当呢？

美国心理学家米勒教授进行过种种实验，结果得到了很有趣味的资料。即：人一次能够记忆的最大数量是七，效果也最好。于是他把七称作"魔力之七"。只要是数量在七以内，不管那内容是单个的也好，是同类的集合体也好，都是一样有效的。用此种方法，记忆的效率最高。

我们在记忆圆周率时就是用"魔力之七"这一最佳方法分段来记的。每七个数字为一小段，背诵起来节奏分明，一字也不会漏掉，仿佛象七律诗一样，还有些押韵。每一百位数字分成十四行，因为七以下的单位记忆效率高，又把十四行分成三组。七个数字一行，每一百位中只多出两个数，随便安插在适当的位置就可以了。一段一段的记感觉很容易，因为这些数字虽然谈不上有什么意义联系，但是它们的排列位置是固定的，七字为一段，记忆效率最高。

如果记忆外语单词，怎样排列都可以，五个单词为一组最好了，既容易凑成整数，整百、整千地积累单词量，又符合"魔力之七"的规律。

分段记忆在我们的学习中是最常用的方法，学校的课程，各门学科的知识不都是分成若干单元在几年内才能学完的吗？

运用分段记忆法，可以使人看到成绩，增强信心，合理地安排时间，避免那些不必要的精力消耗，特别是对材料的中间部分可以增加复习次数，以减轻前摄抑制和后摄抑制的影响。但应该注意，识记中不能把各个部分孤立起来，并且要特别重视各个部分之间的联结，对联结、过渡的内容应进行重点记忆。

三、长度适中，联合记忆更有用

前面介绍了整体学习记忆法和分段记忆法，二者有利弊，如果取二者之长，弃二者之短，先把识记材料读通几遍，然后分段记忆，这就是联合学习记忆法。

那么，这三种方法哪一种效果比较好呢？如果背一首诗词，显然该用整体学习记忆法，如果记一篇较长的文章，还是用分段记忆法好。但是在记忆材料的长度、难度都适中的时候，该用哪种方法呢？心理学家们曾进行过多种试验，结论是：整体学习记忆法比分段记忆法好，联合学习记忆法又比整体学习记忆法好。当然，这是指中等数量的材料而言的。

这三种记忆法的应用还与识记者及识记材料的性质、内容等因素有关。就学习者来说，年纪较大、智力较高者适宜于整体学习记忆法，年龄较小、智力较低者适宜于分段学习记忆法，就识记材料来说，直观的、形象的材料远比抽象的、概念化的材料效果显著。随着材料的内容和范围的变化，记忆进程变化也很大。容易记的材料，开始快，后来慢，不易记的材料，开始慢，后来快；材料范围小时，开始回忆好，后来回忆差；材料范围大时，开始记得就慢，而且越来越慢。因此，运用整体、分段、联合这三种学习记忆法时，应该考虑到诸如上述的许多具体因素，根据自己识记能力的特点而定。

四、由易到难，循序渐进记忆搞据点战

按照学习顺序，由浅入深、由易到难、由缓渐速地进行识记，掌握一门知识的方法，称为循序渐进记忆法。

成都市罗航掌握循序渐进方法的体会是：学习一门课程，要打几个大的战役，即在较短的时间内集中精力，对一个整体的知识（称作“知识团”）进行各个击破。自学更要注意采用循序渐进、各个击破的方法。比如学习《解析几何》（一个大“知识团”），可以把它的内容分成几个部分（较小的“知识团”），坐标的概念；数字与形体的关系，平面直线方程；平面曲线方程……。对这些较小的“知识团”也可以再进行第二次、第三次划分，如对“平面曲线方程”，还可以分为圆、椭圆、双曲线、抛物线、摆线，等等（称作小的“知识团”），然后分别把一个个小的“知识团”吃掉，再攻一个个较小的“知识团”，最后，《解析几何》这门课程就能够完全掌握了。这样，逐个攻下一连串“敌据点”，连在一起就能够建立一个“根据地”。“根据地”还要建设、巩固、扩大，使小的知识团组成大的知识团，大的知识团再构成知识链，从而掌握系统的知识。应该强调的是，一定要把重点放在攻小知识团上，因为小的知识团相对来说内容比较少，不必过多地耗费精力。此外，在小知识团里包含着同一性质的内容，前后紧密联系，有利于理解和记忆。

在校学习，学校早就将课程按循序渐进的原理安排好了，而自学者则要自己注意掌握循序渐进的方法，去识记新的知识，这样在完成学业的过程中才能少走弯路，从而提高学习效率。有些人成才心切，在识记新知识时忽视了循序渐进这个基本原则，快速读了很多书，结果“消化不良”，也记不住多少，事倍而功半。

由易到难地识记外语单词效果很好。比如，记忆日语单词，名词、形容词好记，动词、助动词就不好记；平假名好记，外来语片假名就不好记。如果一次学习三十个单词，最好先挑容易的记，这样不知不觉就会记住很多，心

里就有了底，不再觉得记日语单词有多难，您可能轻松地感到，认识了这么多“朋友”，再去进攻少数难记的“敌人”，没问题！难记的单词就像是敌人，要一个一个地消灭它！如果您先记难度大的，进度就慢，而且看着还有那么多没记完的单词，容易产生急躁感，甚至望而生畏。与其抱着“还有那么多没记”的心情，不如抱着“已经记了这么多”的心情去识记知识，这样能收到明显的效果。

学习的进度由缓渐速也有利于记忆。初学时放慢速度，待大脑逐渐容易接收新知识时，也就是“知识基础”在大脑中形成时，就可加快速度，这样能够产生准确而持久的记忆效果。初学外语，一天可记十个单词，逐渐一天记十个、三十个至五十个，甚至熟练掌握记忆方法时可记一百个。如果您一开始就记五十个，头脑适应不了，往往会出现错误，忘得也快。心急吃不成热豆腐，想一下子就学好是什么也学不好的，正如巴甫洛夫所说：“要想一下子全知道，就意味着什么也不知道。”

五、重视头尾记忆法：枪打出头鸟和落水狗

把重要的事项放在开头和结尾去记的方法，叫做重视头尾记忆法。

许多初学英语的人都有这样的体会，在识记二十六个字母时，开头的 A、B、C、D 记得最牢，末尾的 X、Y、Z 也记得也清楚，但中间就不容易记了。

我们在识记中也有过类似经验。比如记忆圆周率小数点后六百位，一至一百位可以不加思索地写出来，五百位至六百位也印象清晰，而中间的那些位数记起来就比较费力，而且也容易遗忘，这是什么原因呢？

心理学家们解释这种现象说，在记忆过程中，存在着识记材料的相互影响和抑制现象。先识记的材料对后识记的材料的识记和回忆起的干扰作用叫前摄抑制，后识记的材料对先识记的材料的识记和回忆起的干扰作用叫后摄抑制。他们曾做过这样的实验，让被试者识记四个无意义音节表，然后分析每个字表的遗忘情况。结果是：第一个字表遗忘最少，第二个遗忘数增加，第三个

更多，第四个遗忘得最多。这就表明，在无意义材料的识记中，前抑摄制是造成遗忘的重要原因之一。他们还实验过后摄抑制的影响，让被试者识记无意义音节，经过六分钟休息后可回忆起 56%，但这六分钟从事其他活动，则只能回忆起 26%。当然，前摄抑制和后摄抑制也因其他因素不同而异。例如，对有意义材料的识记，由于联系较多，易于分化，受前摄抑制影响相对减少。后摄抑制也受前后识记材料的类似程度、难度等条件的制约。开头的部分没有前摄抑制的影响，结尾的部分没有后摄抑制的影响，所以它们比中间部分的记忆印象要深刻而持久。另外在识记的时候，人们总是有一种好奇心和兴奋劲儿，这种情绪有助于记忆，而中间容易出现松弛现象，结尾时往往有一种“大功告成”的自由感和轻松感，这也是增进记忆的因素。

美国心理学家荷蒲兰德博士曾做过这样的实验：他把十二个单词排成一行，让别人来记忆，看哪个词最容易忘记。实验结果表明，没有一个人会记错第一个词和第二个词，第二个词以后，错误渐多，第七、八个词错误率最高。往后，错误逐渐减少，第十二个词的情形就和第二个词一样，错误极少。他把这整个错误起伏的情形称为“记忆的排列位置功效”。实验证明，排在前面的和结尾的记忆效果好。

怎样利用记忆的这一特点呢？

1. 把重要的事情放在开头和结尾去记，若是讲话，应该把要紧事先讲给大家，结尾的时候再强调一下。

2. 记忆大篇幅的材料，可采取分段记忆法，这样每段都有开头和结尾，就人为地制造了增进记忆的条件。

3. 一次记忆若干名词或大题，可改变其次序，每记一次就换一个开头和结尾，平均分配复习的力量。

4. 合理地组织识记材料，尽量使前后相邻的学习内容截然不同，防止抑制作用的发生。例如，刚学完历史，不要去学语文，以减少材料之间的相互影响。

5. 合理安排时间。早晨起来，不受前摄抑制的影响，晚上学习过后就睡觉，不受后摄抑制的影响，这两个“黄金时间”不能错过，可以利用它记那些难度较大的材料。再有，在长时间的学习中，要注意休息，时间最好是 10~15

分钟，这样，又增加了开头和结尾的次数。

总之，充分利用开头和结尾会使您在同样的时间内，用同样的精力取得显著快捷的记忆效果。

六、决不打疲劳战：间隔交替记忆使你更轻松

把不同性质的材料或事物按时间分配，交替进行记忆的方法，称为间隔交替记忆法。

实验证明，长时间单纯识记一门学科知识的效果并不好，因为具有相同性质的材料刺激脑神经过于单调，时间一长，被单一信息刺激的大脑相应区域很容易负担过重，由兴奋状态转为保护性抑制状态。这时，就会出现头晕、注意力不集中等现象，识记效果很不好。为了避免这种现象的发生，一般学习一个小时左右，最好放松几分钟；站起来在屋里走一走，向窗外的远处望一望，随意遐想一番，或者做做操，到室外转一圈就更好了。然后，换另外一种学习材料穿插交替进行学习。这样做，有助于“转换大脑的兴奋中心”，能消除抑制，增进大脑的工作效率，提高记忆效果。大脑皮层的脑细胞是有分工的，记忆数学知识和记忆外语单词在大脑皮层的“兴奋域”互不相同。也就是说，人的脑细胞并不是同时全部工作的。当您集中一段时间记外语单词后，记忆外语单词这个“兴奋域”就会因疲劳而产生抑制，记忆效率降低，头脑反应就逐渐不灵敏了。这时，如果您适当休息一会儿，不仅可以解除大脑的疲劳，而且可以对刚刚学到的知识起巩固作用。然后，把下一段的学习改为做数学题，使注意力转移到数学公式记忆的“兴奋域”，头脑又会马上清醒起来。

神经心理学家曾经做过这样的实验：用相同频率的电脉冲刺激大脑的神经细胞，在开始阶段，神经细胞反应很敏捷，可是一旦反复刺激的时间拖长，神经细胞的反应就越来越弱了。等休息一段时间以后，或者改变电脉冲的频率再进行刺激，反应才又恢复正常。这个实验从大脑的生理学、神经学角度证明了学习中存在兴奋与抑制的规律，因此，长时间学习一门课程效果不好。

许多学者都很善于运用这一用脑规律，注意保持时间的弹性，经常交替学习几门知识，从而使有效的时间发挥出更大的效率。例如：

马克思在写《资本论》时，穿插演算高等数学，有时到室外去散步。

列宁在给妹妹乌里扬诺娃的信中，介绍自己的交替学习法说；“我劝你按现在的书籍正确地分配学习时间，使学习内容多样化。我很清楚地记得，变换阅读或工作内容，翻译以后改阅读，写作以后改体操，阅读有份量的书以后改看小说，是非常有益的……不过最主要的是不要忘记每天必须做体操，每天迫使自己做几十种(不折不扣)不同的动作，这是非常重要的。”

物理学家居里夫人在谈到自己的学习方法时说：“我同时读几种书，因为专门研究一种东西会使我宝贵的头脑疲倦，它已经太辛苦了！若是在读书的时候觉得完全不能由书里吸收有用的东西，我就做代数和三角习题，这是稍微分心就做不出来的，这样它们就又把我引回正路去。”

车尔尼雪夫斯基说“变换工作就等于休息。”

华东师范大学数学系教师郑伟安是自学成才的，他中学毕业后，在家病休期间自学了大学数学的课程，每天读书十五个小时，他就用了交叉阅读的方法，一小时左右变换一种学习内容，中间适当休息三五分钟，因而能始终保持充沛的精力。因为他治学有方，所以卓有成效。经过八年艰苦的自学，终于考入了华东师范大学，成为数学系研究生，专攻高深的概率论。

在学校里，有的学生因为不了解间隔交替记忆法的好处，下课不出屋，抓紧做习题，这样做似乎是充分利用了时间，可是继续学下一节课，精力就不那么充沛了。有的学生在高考前夕埋头苦背，死抠一门，弄得疲惫不堪，舍不得时间站起来伸伸胳膊，休息一会儿，结果学了也记不住，反而失去了学习兴趣。这种做法是极不科学的。

当前，自学已蔚然成风，为了提高学习效率，实在有必要巧妙地安排时间，那么，请试一试间隔交替记忆法吧，它一定会对您有所帮助。

七、永刻铭心，运用科学循环记忆

科学地安排复习时间，进行循环反复记忆的方法叫做科学循环记忆法。

科学循环记忆法是最佳的机械识记方法，用它识记大量的外语单词效果很好。

怎样安排时间才是科学的复习时间呢？大家知道，输送进入脑中的信息总是在逐渐地遗忘，艾宾浩斯遗忘曲线告诉我们：识记后的信息量随着时间的推移，最初遗忘快，后来逐渐变慢。这就是说，若要记得牢，识记后必须及时复习，正如乌中斯基所说："应当用不断地复习来防止遗忘，而不是等到忘记以后再重新去记。"

那么该怎样复习呢？如果能手不释卷、日日刷新当然是最好的了，可是谁都知道，随着学习知识量的增加，这样做不仅时间利用率低，而且几乎是办不到的。循环记忆法则规定了科学的复习时间，其"火候"的掌握就在似忘没忘之时，当记忆信息刚刚蒙上一层灰尘时即行刷新。记忆遗忘规律表明：人的遗忘率随时间的变化是先快后慢，那么复习的时间间隔就应当是先短后长，人们通过实践总结出这样记忆的时间规律为：

识记，间隔几秒→第一次复习，间隔几分→第二次复习，间隔几小时→第三次复习，间隔一两天→第四次复习，间隔四五天→第五次复习，间隔一周→第六次复习，间隔一个月→第七次复习。

这个记忆时间间隔是因人而异、因识记效率而异的，但是其基本规律不变。不过，具体应用这一规律还有一个问题，这就是在一次识记几十个单词时，如果连续地背下去，背到最后至少要几十分钟，前面的单词早忘了，如果把一个单词一连气背上十几遍，则不但延长了学习时间，还会由于一个单词的多次重复而容易引起大脑的消极反应，效率也不会高，为了解决这一问题，我们应当遵循记忆的时间规律，以分组循环记忆的方式来进行记忆学习，使记忆学习密切地结合循环记忆法有效地推进。这种方法是每次把一个单词学习一二遍，并在适当的时间间隔内就进行复习。实践证明，分组循环记忆是循环记忆法的一个极为有效的环节。

分组循环要按一定形式进行，下面介绍两种循环形式：

1. 二二递进循环形式

以字母表示分组的组别，数字表示学习顺序，其循环顺序依次是：

①识记 a 组单词

②复习 a 组单词

③识记 b 组单词

④复习 b 组单词

⑤复习 a、b 组单词

⑥识记 c 组单词

⑦复习 c 组单词

⑧识记 d 组单词

⑨复习 d 组单词

⑩复习 c、d 组单词

如果上述的每组单词三次循环觉得效果仍不佳，还可以再加一层循环，不过循环次数多了，会使学习时间加长，容易疲劳，也不妨等三次循环完了，再全体复习一遍。

2. 环环相加循环形式

其循环顺序依次是；

①识记 a 组单词

②识记 b 组单词

③复习 a、b 组单词

④识记 c 组单词

⑤复习 b、c 组单词

⑥识记 d 组单词

⑦复习 c、d 组单词

⑧识记 e 组单词

⑨复习 d、e 组单词

⑩识记 f 组单词

……

上述的总循环顺序可以灵活掌握，刚开始一般以 4 组或 5 组一复习为最妙，以后可以逐渐增加。

每组单词数定为多少合适呢？这是因人而异的，据心理学家研究表明，大脑短时记忆的信息量是 7 ± 2 个，因此原则上讲，每组单词数以 7 个为宜，但如果您觉得单词较难不易记，可选 4~5 个为一组，以后记忆得法了再适当增加。合适的单词数可以通过简单的试验测定：取一串生单词背下去，在背到某一个刚好使第一个还没忘，这些就是合适的单词数。

循环记忆，切不可貌合神离的运用，对于每一个单词，虽然每次只读一二遍，但是这里一定要有一个“读、看、想”的过程，对单词展开尽可能多的各种特点的联想或联系。这个过程是很短暂的，在取得了单词的印象之后，立即抛开，把注意力转向下一个单词。

在循环记忆中，总会遇到一些易记词和一些难记词，易记词往往读一二次就记住了，而难记词学习完了仍然记不住，这时如果仍然进行全体循环记忆，既浪费时间又影响效率。这就需要把易记词和难记词都挑出来或做上记号，易记词不必再循环了，余下的重新分组循环，难记词进行单独循环记忆，予以各个击破。

前面说了，循环记忆时间间隔因人而异。在学习中采用分组循环的环节只是解决了短时记忆问题，使短时记忆转变成长时记忆，还需要按记忆时间规律复习。下面介绍这个循环时间间隔的简易自我测定法——逼近法：

首先要有一个确定时间间隔的测定标准：即遗忘率为多少时进行复习为合适？根据经验，可设遗忘率为 20%~30%，即保持率为 70~80%，这是可以令人满意的。数分钟内的循环记忆由分组循环解决，余下的时间间隔初定为 5~6 小时；一天；三天、五天。

测定步骤如下：

第一次测定：用分组循环记住 40 ~ 50 个单词。

5 ~ 6 小时后，自测遗忘率，如与 20%~30% 偏差过大，可考虑下一次修正，然后复习，全部记住。

依次相隔一天后，三天后，五天后，都分别如上办理。

第二次测定：在第一次测定开始的第二天，就可以进行第二次测定。仍按第一次测定的步骤进行，时间间隔按第一次测定给出的修正值选定。

如不满意，还可以根据第二次测定给出的时间间隔修正值进行第三次测定，这样逐次逼近，就确定了适合自己的循环时间间隔。

这个时间间隔的测定，完全可以在记忆学习中进行。时间间隔并不需要求得精确的值，因为实际上还要考虑测定的复习时间可否利用，所以通过二三次的测定，就可以确定了。如果时间充裕，当然是间隔密一些为好。

八、一背到位，过度学习是捷径

什么是过度学习记忆法呢？美国一位心理学家下了这样的定义：识记某一材料达到最低限度熟记时，继续学习或复习。就是说，在勉强记住的基础上，再多记几遍，以便进一步巩固掌握。

艾宾浩斯曾经用实验方法研究“过度学习”。他为了测验超过背诵所需的“过度学习”，曾用不同的次数读几组十六个无意义音节，至能背诵之后，有一组再多读八次，有一组再多读十六次，这样直到多读六十四次。间隔二十四小时之后，艾宾浩斯再复习这些音节，到能正确背诵为止。结果发现，保持的百分比几乎与他学习时能够背诵后所多读的次数相等。即超读八次的能够多保持8%，超读二十四次的多保持了23%，超读六十四次的多保持64%，并且，这个数成为了“极限”。这个实验告诉我们：为了保持记忆的效率，对某个具体材料超量学习是必要的。在对识记材料达到背诵的程度后，也不要马上停下来，应该继续学几遍，这样做是有利于记忆的储存的。

那么，过度学习学到什么程度为好呢？实验表明：低度学习的材料容易遗忘，过度学习的材料则比恰能成诵的材料保持得好一些。例如，有这样一个实验：让三组被试者练习划手指迷宫，第一组练到恰能正确地划出手指迷宫为止，第二组多做50%的练习，第三组多做100%的练习。隔一段时间后进行测验，结果，学习程度多做50%的记忆效果显著提高，超过50%，记忆效果并不随之再有显著的增长。

可见，过度学习也不是漫无止境的，也需要讲个时间效益问题。心理学家们的多次实验证明，如果以恰能成诵的时间为100，那么过度学习的最佳值是150，再少则效果不显著，再多既耽误时间，又浪费精力，是得不偿失的。

过度学习在人们的生活、工作和学习实践中得到了充分的运用。比如人们打拳、游泳、溜冰等一般都是在基本动作学会之后继续练，才达到终生难忘的程度的。工作中对工具的使用，机床的操作，车辆的驾驶也多属这个道理，但在学习中，因为我们要掌握的知识太多，没有宽裕的时间来“过度”得太多，所以必须遵循适度的原则。

九、忘不了的第一次：首次印象记忆法

利用首次感知事物的印象来增强记忆的方法，叫首次印象记忆法。

在学习和生活中，您可能会有这样的感受：第一次带上红领巾，第一次参加高考，第一次迈进大学的校门，第一次遇到地震，第一次坐上飞机……这些第一次经历会给你留下极深刻的印象，几年甚至几十年以后，每当回想起来，仍然恍如昨日，历历在目。

有一次，我促使一个十个月的婴儿用手去摸装着开水的玻璃杯，他马上被烫得缩回手去，以后再端起杯子送到他面前，婴儿把两手紧紧往后缩，身子也连连向后仰，想躲开这个热水杯。婴儿第一次感知了“热”，马上就留下了深刻的印象。

我在中学刚毕业时，到一个文化馆帮了几天忙，是办雷锋事迹展览，领到了十一块钱，虽然数量不多，但是记得很牢，因为是首次用自己的劳动换来的报酬。现在虽每月都领工资，却比不上第一次印象深刻。

在学习过程中，不完整的知识不容易透彻理解，模糊的印象不能产生深刻的“痕迹”，这些都不利于记忆的巩固。美术教师也很重视“第一次感知”

的效果，认为在别处学过素描的学生不好教，因为他们有了首次感知素描的印象，有了框框束缚，显然刚入学时素描成绩不错，但对于新老师的一套教学方法不易接受。

心理学研究的结果，已经从科学的角度证明了首次印象记忆深刻的原理。早在十九世纪，艾宾浩斯在《论记忆》一书中就写到："保持和复现，在很大程度上依赖于在有关的心理活动第一次出现时注意和兴趣的强度。在第一次生动鲜明的经验之后，被烫伤了的儿童就避火，挨了打的狗见了鞭子就逃。"赞科夫也发表过此类见解："第一次阅读课文或者第一次感知直观事物，对于把材料牢固地保持在记忆里具有特别重大的意义。"人们对于第一次接触过的事物，往往有极大的兴趣，因此注意力能够高度集中。小孩子对事物大都没经验过，很多东西都是首次感知，没有旧的记忆痕迹的干扰，所以他们的记忆能力显得比成年人要好。从人们神经活动的习惯上说，记忆的保持和人对事物的认识一样，也有"先入为主"的特点，所以，对首次印象和最初见解的记忆总是较为持久，而且，不需要多次重复也能保持长久，乃至终身不忘。

怎样充分利用首次感知的记忆效果来提高学习效率呢？

1. 精细观察。在向大脑中输送信息的时候，要努力增加其强度，尤其是要注意识记材料中的抽象概念和疑难问题。例如，对于小学生来说，"令"字与"今"字，"拆"字与"折"字，"氏"字与"氐"字很容易混淆。有的教师在教学中就注意引导学生作精细的观察，先在黑板上写了"今"、"折"、"氏"等字，然后在每个字上用红色粉笔添上一点，构成了"令"、"拆"、"氐"三个字，最后给学生们总结出"点令不点今，点拆不点折，点氐不点氏"的规律，一下子就给学生们留下了强烈的首次印象。

2. 高度注意。凡是人们对其高度注意的识记材料，就会铭刻在记忆之碑上；凡是人们对其漫不经心的识记材料，就难以留下深刻的印象。例如，站在"分数公布榜"前，您一定会记住自己和几个好朋友的分数，而对别的同学的分数则走马观花，记不下来。又如，很多人有这样的体会；有时手捧着一本书，眼睛也盯在书上，但逐字看了几页后，合上书，竟说不出一点内容来。这就是人们常说的心不在焉，没有予以高度注意的缘故。因此，为了获得首次印象，必须一开始就耳不旁听，目不斜视，全神贯注地去感知和识记。

3. 满腔热情。凡是能引起人们浓厚兴趣，凡是能激起人们热烈情绪的事物或材料，都容易在人们的记忆中打上深刻的烙印。例如，您和朋友们第一次到八达岭，登长城，一定会兴趣盎然，乐而忘返，难以忘怀。您观看日本电视剧《血凝》的时候，产生了对幸子的同情，对光夫的赞颂，对大岛茂的尊敬，就是因为故事情节和演员的表演使你产生了感情共鸣，经久不忘。所以，为了获得深刻的首次印象，应当一开始就以满腔的热忱、真挚的感情、浓厚的兴趣、饱满的情绪去接触需要记忆的事物或材料。

4. 突出特点。凡是在同类事物中突出的，凡是在人们眼中新奇的，都会使人记得牢。例如，旷野中的孤树，羊群里的骆驼，星空上的月亮，都是引人注目的目标。登上高楼远眺，首先扑入您眼帘的，或许是远处的青山，或许是高耸的烟囱，或许是宏伟的建筑，总之，肯定是那些突出的事物。记忆对象具有新奇的特点，也容易引人入胜。如同样是日出，登泰山观日出就助人游兴，同样是照片，生活照中自然景就耐人寻味。所以，我们可以用不必记住的部分作背景陪衬，把必须记住的部分表现出来，使二者形成鲜明的对比，这样就会突出识记材料的特点，使自己获得深刻的首次印象。这样做，有时甚至会把不必记忆的部分也牵带起来。苏联画家苏里柯夫在谈到创作体会时写到；有一次看到一只雪地上的乌鸦，一只翅膀耷拉着，白雪上的一点黑，就是这样的一个对比色，多少年来我不能忘却，闭上眼睛，乌鸦和雪地……以后，在《女贵族莫洛卡娃》中他运用了这个形象。你看，白雪与乌鸦的鲜明对比，在苏里柯夫的头脑中留下了多么深刻的首次感知印象呀。

首次感知印象往往能对人产生很大的作用。不是吗？首次感知印象好，可以使两个陌生人一见如故，首次感知印象深，可以使青年男女一见钟情。首次感知印象甚至可能使人发愤成才，干出一番事业来。上海市有个曹南薇，她在中学时，从在北京大学读书的姐姐的来信中初次感知了“基本粒子”这一概念，并且知道毛主席、周总理请日本理论物理学家坂田昌一教授到北京科学讨论会上讲课，内容是《新基本粒子观讲话》，使我国科学界受到很大震动。“基本粒子”究竟是什么东西？为什么受到国家领导的这么重视？这些问号使曹南薇对基本粒子产生了兴趣，她决心去敲开微观世界的神秘之门。高中毕业后，仍然没放弃探索基本粒子的决心，经过十年自学奋斗，她终于考取了中国科学院高能物理研究所研究生。你瞧，一封信的首次感知竟使她选定了终生的研究目标。

朋友，以满腔热忱去接受新的识记材料吧，让首次感知的印象布头脑中牢牢扎根。

十、突出关键：强烈印象记忆使人经久不忘

在感知事物、材料时，如果能在大脑中留下强烈的印象，就会收到良好的记忆效果。

强烈印象比首次感知印象更使人永远不忘。我遇到过一次地震，那是个夜晚，当时我正住在亲戚家，忽听一声巨响，大地在发抖，房屋在摇晃，人们恐惧万分，纷纷逃出室外。事过好多年，我仍记得当时的恐怖情景，连鸡犬的异常叫声还如响耳畔。

我国有句俗话："一朝被蛇咬，十年怕井绳。"意思很简单，就是说人被蛇咬之后，在相当长的一段时间里，看见井绳都害怕。这说明了人们受到强烈刺激后会经久不忘。原因是什么呢？人遭蛇咬之后非常痛苦，甚至有丧生的危险，痛苦的感觉与蛇的形象在大脑中留下了强烈的印象。再见到井绳时，就会联想到蛇，进而联想到被蛇咬时的痛苦，回忆起当时的恐怖感，所以就不寒而栗了。

为什么强烈的印象能牢固地扎根于头脑之中呢？心理学研究证明：大脑的活动决定着记忆保持的程度。大脑皮层里记忆某事物的区域越兴奋，其他与此无关的区域越抑制。这时，注意力达到高度集中，所接受的信息就形成强烈的印象。由此可知，我们感到印象强烈的时候，正是大脑相应区域兴奋之时，从而使记忆功能发挥最佳的效率。

实际生活中，能给人留下强烈印象的知识并不多，那么，怎样才能利用强烈印象记忆法来加强记忆呢？

就记忆者来说，注意力必须高度集中，注意力不集中，大脑就不能收到

强烈的信息，就会出现“视而不见，听而不闻，食而不知其味”的现象。当然，自觉地集中注意力并不是一件轻而易举的事，需要付出很大的努力，但是，只要经过一定的练习是完全可以达到的。

就识记材料来讲，应该努力使其形成与众不同之处。比如，将识记的材料中关键部分用红笔画道，这样，红、黑分明，阅读时红色部分就先跳入眼帘，印象较黑体字更深，所以重点的地方画红道就容易记住。色彩常识告诉我们：红色有使人兴奋的作用。教师判卷一般常用红笔，信号灯显示红色是禁行，都因为红色醒目的缘故；再如，记外语单词时，将较难的词放在容易记的词一块，造成“鹤立鸡群”之势，如五个单词一组，其中只放一个难记的。

总之，利用人们对强烈印象记得牢的原理，人为地加强重点，突出关键，是加强记忆的良方。

十一、联想连锁记忆法：要记多少就记多少

联想连锁记忆是当代美国研究记忆法方面首屈一指的哈利罗莱因先生创造的方法。他不单是记忆法方面的研究家，他在自己的实业活动中也应用了他自己创的记忆法。而联想连锁记忆法就是其中之一，此方法实用易学，能使记忆更加快捷。

联想连锁记忆法，从基本点来说与过去的方法没有什么不同，但使用起来简单，这是它的优点。

简单说来，有 A、B、C、D、E……几件事必须记住时，应首先把 A 和 B 通过联想连结起来，接着连结 BC、CD、DE，将要记住的事情全部用联想法连结起来。这个联想若是搞得好，只要想起 A，就可以把全部事物按联想的锁链一个个地记起来。

比如想记忆没有任何关联的下边 10 件事情：

飞机、树、信封、耳环、水桶、唱、篮球、腊肠、星星、鼻子。

照此顺序死记硬背下来并不是那么简单的事。但是像下面那样通过联想

连结起来，就会意外地好记。

①先把飞机和树用联想法连结起来。比如大树像飞机一样在空中飞，浮现这样的表象。

②下边是树和信封。无数信封像果实一样结满在树上，构成这种表象（或在巨大的信封中装着树）。

物象的浮现，哪怕是几分之一秒那样短的时间也好，总之，一定要使清楚的物像能够固定下来，必须让极端的物象，在决定性的一瞬间浮现出来，但是切莫弄得纷乱。

③再次是信封和耳环。如浮现出打开信封就有无数的耳环向你迎面撞来的表象，或者信封取代耳环，浮现出信封挂在你的两耳上那样的表象。

④下面是水桶。想象为巨大的水桶上挂着耳环。

⑤下面的“唱”这一动词，可想象一个大水桶张开大嘴在唱歌，或者浮现出自己头戴水桶唱歌的表象。同自己本身连结起来形成的物象有显著的记忆效果。

⑥唱和篮球。可想象唱歌的，嘴里迸出无数个篮球，或想象篮球在唱歌。

⑦腊肠。想象腊肠在打篮球，或者想象篮球选手把腊肠当球参加比赛。

⑧星星。想象在空中的腊肠闪闪发光，或者想象把星星当腊肠来切。

⑨最后是鼻子。想象长着个长鼻子的星星，或自己脸上长了个星星鼻子。

这样就把 10 件事物连结起来了。看文章有点复杂，习惯之后，10 秒钟内就能够联想得出。但是最开始的那个飞机没有联想物，要稍许费点劲。只要想起飞机，往后就都容易想了。飞机——树——信封——耳环——水桶——唱——篮球——腊肠——星星——鼻子。谁都很快就能记起来。

要是在半路上卡住了，那倒不是因为忘记，而是因为在开始的时候就没有清楚地描绘出物象来，或者只是让词语进入了头脑。实际运用好连锁法，就会在纸上嗖嗖地写出来。然后倒过来从“鼻子”写起，这样，你就会把 10 项事物全记住了。

在联想连锁记忆法中，最需要的就是练习。在练习中，可使用卡片进行辅助。

先在若干张卡片上写上各式各样的事项，写过之后扣过来掺混，从中抽出 15 张左右，一张张地摊在桌子上，按前条要领用联想法连结起来。在一张纸上写 15 件左右的事当然也可以，但还是用卡片为好。

这样连做几回就会有自信，然后再请朋友帮忙练习。请对方随便说 15 件左右的事情，并让他写到纸上，以便验证。在对方把说的事项一个个地写在纸上的时候，运用联想法，把它们连锁起来。等到对方写完时，当场就把记忆的事项从头至尾按顺序说出。连续做这样的练习，联想也就越来越敏捷了。

练习之初，先从具体的、有形的、名词或动词这样容易联想的东西入手，熟练之后再放进抽象的事项。

有一个问题，那就是对方最先举出的事项该怎么记忆呢？这只要与对方本人连结就行。

比如最先是飞机这一名词，脑子里浮现起一架巨型客机落到对方头上就可以了，这样，只要一看到对方的脸，很快就会浮现起飞机来，往下就会一个接一个地想起来。

做出这个练习之后，可当众做一做这个记忆法的实验。要几个人依次说出 20 来件事项，让某个人把它们记下来。在这中间用联想法予以记忆。写完之后，从头按顺序说，或倒过来按顺序说。这种实验也可以在众多的观众面前表演。

如强调浮现带点离奇的物象遇到困难时，记住前述的 3 个规律就能解决问题。首先是用代用法。这是用一种事项代替另种事项的想象方法，想象木头起飞，代替飞机。其次是夸张法，就是想象比实物大，或者多，比如想象出巨大的水桶。想象出无数的信封，或者是无数的耳环。第三是动态法，使物象活动起来。让本来不会飞的木头起飞，让无数耳环从信封里飞出，撞你的脑袋。就是说在脑海里把物象动态化。

应用联想连锁记忆法能够把很多的事项按顺序清楚地记住，使记忆跃进，它有助于记住那一天中非做不可的事。假定一天中要做下面 5 件事：

①订购电视机

②打字

③订一套西服

④与交易对手会晤

⑤买进邮票

就把这 5 件事按顺序来记：

①电视机与打字机——想象电视机上有打字机的键，往电视里塞纸按键。

②打字机与一套西服——想象自己穿着用打字纸做的一套西服。

③一套西服与交易对手——想象对方穿着一套肥大的西服跳舞。

④交易对手和邮票——想象交易对手被贴到一张很大的邮票上挣扎。

关于开始的那个电视机，可想象为公司的大门成了电视的图像。这样，在每次出入公司的时候，5 件事就会在一瞬间记忆起来。

使用这个方法时，可在前一天晚上睡前，在床上把物象连锁一下，次晨外出前或在上班乘坐的电车中加以复习。

走进公司之后，如果要办的事情增加了，就把它与最后那一个连锁起来。

此外这种方法对实业和日常生活也是有帮助的。

用这种办法记忆参加会议或出差时要携带的文件和资料，记忆讲演、寒暄、谈话的内容是很理想的。结婚式上人家要你讲讲话，你用这种办法就不会半路上卡壳，把重要的地方忘掉。

比如在公司创立纪念日的讲话中，想把如此这般的内容向大家正确无误地表达好，就把 1. 创办当时的公司职员的住宅——2，创业者的神情——3. 受援者的神情——4. 事业扩大期间修建的大楼——5. 象征目前营业状况的代表性的产品——6. 肩负未来的新职工的面貌……连锁起来，并在致词之前复习一下再讲。如果照本宣科效果是会减半的。

在日常生活中不断地应用联想连锁记忆法，能够得到意想不到的信息，而且能够把它当场回忆起来。

十二、固定编码记忆法：要多快有多快

与联想连锁记忆法齐名的最基本的记忆法是固定编码记忆法。

在学联想连锁记忆法时，只要了解了它的最基本之点，即可以不要任何

准备，广泛应用，扩大记忆量，但当问到第几号是什么的时候，如果不从开始一环想起，就想不起来。

弥补这一缺点的便是固定编码记忆法。就是把必须记忆的事项编成固定的号码，把所要记的与这些号码挂上钩进行记忆。

比方，对自己身体的各个部分从上而下地编上号。

如 1——头 2——额 3——右眼 4——左眼 5—鼻 6—口 7—下腭……做到一说 2，很快就知道是额，一说 3 很快就知道是右眼。把这些编码固定了，就可以通过联想与必须记忆的事情连接起来。

如果 2 是飞机，就联想自己额被飞机撞了。如果 4 是铅笔，就想象左眼被铅笔刺伤，痛不可当。这一来，问到 4 号便很快想出：左眼——铅笔。

固定编码记忆法历史悠久，古希腊、罗马时代就盛行了。当时的人们用这种方法来记忆诗文。一些雄辩家们，就是用它发表长篇演说。

固定编码记忆法的基本点就是编码。自古以来一般常用的做法，就是在自己房屋内给东西编上号码。

1. 入口的门 2. 放鞋的石板 3. 木屐箱 4. 木屐箱上的花瓶

5. 日历 6. 木柜 7. 壁橱 8. 画框 9. 宣传画 10. 电视机

开始编 10 来个号。

在脑子里浮现房里的物件，给它们编上号码。于是一想到号码，立刻能想到房内的部位和放置的物品。这只要 5~10 分钟就记下来了。

然后用下述联想作连结的练习。在反复练习中，对编码的记忆就更清楚了。当浮想房子时，就浮现出某处为某个号码的表象。

做会之后，再增加 10 来个号码。

11 钟 12 桌子 13 椅子 14 窗 15 窗帘 16 茶柜

17 茶柜抽屉 18 厨房的门帘 19 水槽 20 煤气炉子

照此做会之后，如有可能再增加 10 来个。

作为固定编码记忆法的基本要领，就是给身边的东西编上号码，所要记的事情上号码，这就是记忆的“挂钉”。

你可按着下面叙述的实例，把联想和你的编码连结起来试试。

记忆下面 10 件事情。

1—飞机 2—书 3—柑橘 4—富士山 5—盆舞

6—果汁 7—垒球 8—悲哀 9—报纸 10—信

分别用联想把前边已编好号码的事物同这 10 件事连接起来。联想的方法是使用前章所述原则，要想得离奇古怪。

举例如下：

①入口的门与飞机——想象入口的门被巨型喷气式飞机撞击而起火。

②摆鞋的石板与书——想象在放鞋的石板上书在脱鞋。

③木屐箱与柑橘——想象打开木屐箱，有无数柑橘跳了出来。

④花盆（花瓶）与富士山——想象把富士山种在花盆里。

⑤日历与盆舞——想象日历在跳盆舞。

⑥大柜与果汁——想象在装果汁的杯子里放的不是冰，而是飘着一只大柜。

⑦壁橱与棒球——想象棒球手把壁橱的门当成了防护用具。

⑧画框与悲哀——画框掉下来打了自己的头，宝贵的画打破了，因此而悲哀。

⑨宣传画与旧报纸——想象旧报纸代替宣传画贴在墙上。

⑩电视机与信——想象大信封上装有荧光屏，成了电视机。

如同上述通过联想去记忆，无论怎样的顺序都能记忆起来。4 号是富士山，8 号是悲哀，10 号是信……当场即可这样想起。

也可这样进行练习：用纸写上 1~20 的号码，让朋友说各种事物，并把它写上去。在这中间用联想法来记忆。

然后让他不按顺序随便报号码。说中了的，就画一条线把它勾销。

电视上所表演的记忆法，不过是用了这种固定编码的基本要领。如果是记忆 20 到 30 来件东西，用固定编码的基本要领来练习，只要一两天就可以进行表演。事实上，用 1 天的时间掌握方法后，有的就可以表演了，读者用这种办法来练习，也是最合适的。

但是，说到底这不过是练基本功，并不是记忆法的目的。对基本要领加以应用，才是最重要的。

可利用各种场合，作固定编码，不仅可在自己的家里，还可在公司的办公室里，在自己身上，只要顺手都可以做，并把它记好，有了各种基本编码准备在那里，想记什么事情就方便了。

下面，把正规的固定编码体系教给读者。

在工作时间，伏在桌子上写什么东西的时候，打来了电话。有时会无意识地把圆珠笔夹在耳朵上拿起耳机与对方说话，等说完了想继续写东西，四下里找圆珠笔，就是找不到。

还有时把东西放在衣袋或桌子抽屉里，一旦需要的时候怎么也找不到。如把车票无意识地装进衣袋里，到了剪票口的前面不得不把所有的衣袋都翻个遍。不但浪费了时间，还使人极为焦急不快。是不是因此就时刻用手摸着那个装车票的衣袋，在车上老是查看车票呢？如果这样就会妨碍看书或欣赏车外的美景。

就前面那个例子来看，把圆珠笔夹在耳朵上的时候，若是在脑子里浮现出圆珠笔滴溜溜地钻进耳朵里去的那样吓人的物象，就忘记不了啦。

就后面那个例子来看，把桌子抽屉或衣袋用固定编码就行了。

比方，把上衣胸口袋编为 1，襟内小口袋编为 2，上衣右口袋为 3，左口袋为 4，右内袋为 5，左内袋为 6，前裤袋为 7……这样就可编成 10 来个固定的体系。然后把物品放进口袋时，用联想把物品和口袋连结起来。

有这么几个日常使用的固定体系，在记忆购物清单等方面，是很便利的。

记忆法最早用于演说、致词和讲课等，因为照念讲稿致词，是很难打动听众的。利用记忆法进行演说，是始于希腊、罗马时代，因当时没有方便的用具作笔记，才用记忆法去记。谁想成为雄辩家，记忆法就是必不可少的工具。

希腊的西摩尼地斯 (B.C55 年左右) 等古代雄辩家们，用的是什么样的记忆法呢？实际上他们用的方法是和固定编码法完全相同的，称为“场所”。

其做法是把演说的要点与自己家的各个部分 (场所)，用联想去连结起来。比方，把演说头一个要点联想为正门。第二个要点是接待室，第三个要点是接待室里的椅子。在演说时，按自己家里的室内之物的顺序想下去，就能把演说要点记忆起来。英语的 in the first place(首先) 这个惯用型，就是来源于这个“场所”记忆法。

联想这个要点，用前面的连锁记忆也能做到，但固定编码记忆法较为容易。使用连锁法若是哪一环脱了节，后边就接不上了。而且用固定编码在说话时，立即知道现在是说到整个谈话的什么地方了，根据时间，可以控制各个部分的详略。

记忆演说时，不需要逐句都背下来，只要按顺序记住要点就可以了。当然写出讲话稿还是必不可少的。写出较好的原稿，读它几遍，记住要点，用自己的语言来讲就行了。

这样用固定编码记忆要点，说起来有把握，能很好地表达思想，不至于半路卡壳或颠三倒四。要点也不必写得过细。两小时的讲演，不过只利用 20 来个固定编码。

开始练习的时候，10 来个要点，讲 15 分钟左右。15 分钟的讲话稿，只用 400 字一张的稿纸来记，一张稿纸用一个固定编码就行了。

不仅自己讲演，听别人说话的时候也能够利用固定编码记忆法。在听讲的时候有必要谨细地记住要点，这时使用的固定编码为讲给别人的两倍左右。但是熟练之后，只要记少量的要点就够了。此法对读书也有帮助。一边读书，一边把要点一个个地记入固定编码体系。

养成这种习惯之后，就能牢牢地把握书的内容。

所以，经常保持有几个从 10 到 30 来个项目的固定编码体系，那是非常便利的，而且一个体系也可以重复使用。其办法是把记忆的主题和第 1 号内容用联想记忆连结起来，同一固定编码的体系就可使用多次。有人以为往固定编码体系里填进一次项目之后就不能再填进别的项目了，这是错误的。按照不同的主题，作不同的记忆就行了。

十三、熟语取代法：化生为熟，化难为易

据说大科学家爱因斯坦有位女友，要求他经常同她保持联系。爱因斯坦欣然接受了，于是他问女友的电话号码是多少。女友说：“我的电话号码太长了，很难记，请你用笔记下来——1224361。”爱因斯坦听后马上说：“啊！两

打与十九的平方，这有什么难记！”

爱因斯坦在这里说的看来是一句极为平凡的话，但是却给我们提供了一条极为重要的记忆法，即将复杂的信息收缩为简单数据的化简法。但是人们必定要进一步追问：爱因斯坦是根据什么来化简的呢？“一打”为12,24刚好是。“两打”，361刚好为19的平方，这些数据对爱因斯坦来说，是最熟悉不过的了。他便用这些最熟悉的数据和语言来简化复杂的陌生的电话号码。因此，也可以更确切更具体地说，爱因斯坦在这里实际上运用的是“熟语取代”法。

每个人都有熟悉的数据，熟悉的概念，熟悉的语言。因此，每个人都具有运用熟语来记忆陌生信息的有利条件。如你想知道一些节日的日期和你自己以及一些亲朋好友生日的日子，你也可能记得一些你曾经遇到过不吉利事件的时间，你还可能知道一些乘车的时间，物品的单价，物体的颜色、声音、形状，等等。那么在记忆活动中，你就可以充分发挥它们的作用，让它们去取而代之。

为了帮助读者打开思路，现列举若干例：

815557942 中秋端午吃酒42斤(“吃酒”为“79”的谐音)

685912　68岁的爷爷，59岁的奶奶，带着12岁的孙子

3593348000 三五九旅三战三捷歼敌四万八千人

66634500 六六六粉杀虫三万四千五百只

32245120　3月22日买布45米花钱120元

125136390　12月5日我参观了1栋36层楼有390多个窗

5713563　5月7日13位同学听写词563个，获比赛第一名

418242　4月18日，我生日那天，24位客人围2席坐

1365400 一列火车36个车箱运货5400吨

712368000 七一二矿三个月获利六万八千元

412530125 四一二大屠杀、五卅惨案与5的立方

2724700 二七二厂大约有4700人

1000.9 一根油条三个烧饼加点酒(9的谐音)

775100027 两把锄头“五一”作贡献，三个油圈二角七分钱

2220015 三鸭子两圈子一棍子外加一钩子

1513.48　15 次列车 13 点 48 分到站

12.546　12 点 54 分 6 秒结束比赛

在运用熟语识记上列数字的过程中，首先必定会将数字初览一遍，接着便会根据自己头脑中原来储存的数据将长串的数字分解成若干部分，然后分辨出那些数据与熟语有关联，这便促使信息多次刺激大脑皮层，形成了短时记忆。

从上面列举的例子我们还可以发现，除表示数量多少而不再具其他意义的数字，经熟语代替后，就变成不但有意义而且形象化语言化的信息了，这样的信息较之无意义的数字，能更强烈地刺激大脑皮层，以至造成深刻的印象，形成长时的记忆。

因此，熟语取代法，是变无意义为有意义，变单调呆板为生动形象之法；是化繁为简，化生为熟，化难为易之法。

第五章
快捷记忆的基本技巧

一、先天不足后天补：勤奋是条路

我们生活中的任何人，都很想增强自己的记忆力，然而，是否有天下掉馅饼的事，不经努力就能增强记忆力的方法呢？

首先从遗传学作一番考察。有些人说脑子灵活不灵活是由遗传决定的。如此说来，要是父母的脑子不灵活，我们又不能任意选择父母，那就只能仰仗先天的遗传了。

那么，有没有依靠后天增进记忆力的方法呢？就此，世界各国进行过种种实验。密执安大学的麦康内尔教授曾反复对水中生活的低级动物涡虫给予光和电刺激，涡虫因受刺激而蜷曲身体；过不久只给它光刺激，它也蜷曲身体，然后利用涡虫相互为食的习性，让别的涡虫吃掉只受光刺激就记得蜷曲身体的涡虫，于是别的涡虫也同样只受光刺激就会蜷曲身体。由此可以看出，涡虫把记忆当作食物加以吸收，从而已经把它变成自己的东西了。

可是人类能像涡虫那样，可以从食物当中来吸收记忆吗？以为有可能，而且实行过的，那是非洲和新几内亚的“吃人人种”。他们最喜欢吃的是其他部族的酋长和祈祷师。其理由是酋长和祈祷师的头脑和记忆力非常优异。

对人来说，记忆并不是从食物中可以直接吸收的。因为消化酶可以把留下了记忆痕迹的蛋白质和核糖核酸分解为氨基酸之故。这对人类，也许是幸运的。我们尽吃牛肉和猪肉，若是我们脑子的功能变成牛和猪那样，那可怎么得了！

靠食物不行，依靠注射的方法又怎样呢？这可以不破坏记忆物质，把它移植过来。给蜗牛注入核糖核酸已经实验成功了，也有用鼠实验成功的报告。

靠注射移植他人的记忆物质，或移植脑的可能性也不能说没有，但还没有成为现实，这还有待于今后的研究。对于核糖核酸就是记忆物质的这种看法，持否定态度的学者日益增多。

最后，如移植行不通，是不是还有增强记忆的药物呢？至今利用鼠类进行了种种实验，证实了确有增进一些记忆的药物。

据说在比利时发现了能够显著地增进记忆力的药物。那是用脑下垂体制作的名为后叶加压素的物质。切除了脑下垂体的老鼠，就失去对危险的记忆，但注射后叶加压素之后，记忆又恢复过来。还曾对因交通事故而丧失记忆的人做了实验，给他做了5次脑细胞荷尔蒙和后叶加压素鼻孔喷雾实验，效果也很显著。据说这个人的记忆完全恢复，能从头述说出事故的经过。此外还做过别的恢复记忆的实验，不过这种药物不光有积极作用，还有使人心慌的副作用。如果没有副作用，那才是我们的理想药物。

以上探索了不经努力而能增进记忆力的方法，结果并没有发现安全而又有效果的东西。给我们剩下的捷径，还是扎扎实实地努力掌握按照脑生理学、心理学的既有规律建立起来的快捷记忆法。对我们人类来说，大概还是稍稍付出点辛劳，比不做任何努力要好得多。

二、挖掘你的记忆潜能

我们常常听到有人说什么："我生来记性就不好"，"上了年纪，健忘了"。这是因为学生时代以记忆为中心的学习过分了呢，还是现代人的信息过多了呢？很多人的记忆情形颇为复杂。

可是实际上几乎所有的人，都有很了不起的记忆力。而且这种能力，如果运用得法，甚至能够维持到年迈。

记忆的项目，并不都是实业上的数据和资料，以及不断会晤旋即又分手的人的姓名。不善于记忆数字和人名的人，不拘老少，对于股票价格、好莱坞的明星、赛马的名字、演员、棒球选手，却有惊人的记忆力。他们谈起这类事情来滔滔不绝，这种人多得很。

当然记忆力在个人之间是有差别的。A君一次听到的东西，可以无误地记忆若干年；B君早晨听到的事，到晚上就忘光了。上了年纪就健忘，这种倾向也是事实，所以，应该从大脑的生理学和心理学成果的角度把不同的人们的记忆力提得更高，维持得更好。

把脑子这部机器都充分开动起来的人是没有的。一般人在日常生活中所使用的脑力，只占全部脑力的几十分之一或几百分之一。记忆法只是把这几十分之一、几百分之一的“一”，变作“二”而已。因为这种脑运动是有意识的、人为的，如能经常做这种脑运动，就可防止脑子老化。

小寺幸作先生，是一位年近90的老人了，对要求有高度记忆力的魔术，他从60岁左右才发生兴趣。现在他的上演节目之多，实在惊人，以至有名的魔术师都到他那里求教。

即使需要相当复杂程序的魔术，小寺先生也能即席表演，特别是应用数字原理的节目，是他的拿手戏。以熟练技巧为主的魔术，即使程序有差错，还可以用技术来遮掩，但数理方面的魔术，哪怕是一个程序有差错，就根本演不下去，也就是说，小寺先生完整地记忆着他那众多的上演节目的程序。

然而，小寺先生并没有天才的记忆力。他记性好的秘密，固然在于他有独特的记忆方法，但也在于他反复练习。由于他不断地在各地研究会和讲习会上作技术表演，所以到任何时候都能完全记得住。有句挖苦话：“老人说自己健忘，那就是他忘记了自己从年轻的时候起就健忘。”总之，记忆力是能够增进，也是能够保持的。

三、记忆三阶段：识记、保持、重现

要学习好快捷记忆法，必须了解记忆的三个阶段，只有了解了这三个阶段的规律，才能轻松快捷地记住所有要记的信息。

第一阶段是，通过感觉器官，将信息留在脑中，这叫作“识记”。第二阶段，就是把留在记忆中的信息加以保存，称为“保持”。第三阶段是，在需要的时候，把所需的信息提取出来，即是“再认或重现”。只有完成这三个阶段，才能称之为名符其实的记忆。

在我们醒着的时候，通过眼、耳、鼻、皮肤这些感觉器官，不断地往脑子里送信息。在这个阶段里，遇到要记忆的事情，必须尽可能清楚地把痕迹刻在脑子里，迷迷糊糊或被其他事物分散了注意，那只能在脑子里留下模糊不清的痕迹。第一重要的是抱着一定记住它的愿望，集中精神，加以牢记。

即使短时间可以记住的事，随着时间的推移，渐渐也会消退下去，不久甚至会忘得精光，及早的复习对于保持记忆是必要的。

在这个保持阶段，经过一段较长的时间之后，其内容有时会发生变化。愿望、爱憎、新的经验，等等，都会给记忆带来微妙的影响。

如详细地考察再认、重现阶段，按程度又可分为3种，即脑子里纵然有信息的痕迹，却忘得一干二净，这叫作“遗忘”；不经暗示就想不起来，但却能从许多东西中辨别出已经识记过的东西，这叫作“再认”；还有不需任何帮助即可想起的，这叫作“重现。”

如联想到记述式的测验难，选择式的测验比较简单，就会懂得“重现”是非常困难的，而“再认”则不存在一时想不起的这个问题，因此比较容易。

但是，在记起时如不能沉着地正确地提取出来，有时就容易与其他记忆相混同而出现错记，此点必须注意。

如果你想提高记忆力，就必须重视这个“识记”“保持”“再认与重现”的各自的过程。要想在脑子里清楚地刻印上，保持又完好，还能有完美的重现能力，不进行有意识的训练是不行的，因为记忆这种东西是极为主观的，以自己为中心的，所以对记忆对象的某一部分接受过强，或只接受便于自己接受的部分，就会出现忽略其他部分的情况，在审判中目击者的证词等等是这方面最为突出的例子。正确的再认与重现，首先来自对客观识记的训练。

四、快捷记忆法的要领：掌握诀窍和加强训练

在剧场和电视节目里看过快捷记法表演的人一定很多，这种表演可与魔术媲美，它往往使观众惊讶地喊出“嘿”。这一类的记忆法是这样表演的：

首先在舞台的中央放一块大黑板，在黑板上面写上1~30或50的数字。

然后给表演的人蒙上眼睛。让观众在黑板上写的数字当中任意说出一个数字，接着随便说一样东西的名称，如地名、人名、物名。表演者一边做着奇怪的手势，一边当场把这些全部记下来。

比如，观众说“7——飞机”，助手就在黑板上的“7”字下写上“飞机”两字。观众说“5——柑橘”，助手就在黑板上的“5”字下面写上“柑橘”两字。这时表演者做记忆的样子。就这样，把所有的数字下边都写上词语。

待全部写完之后，让观众说自己选的数字，表演者立即答出该数字下搭配的词语。如观众说 7，就答“7，飞机”，观众说 5，就答“5，柑橘”。就这样一个一个地答准，一直答到 30 到 50 是什么。

待观众发出感动的“嘿”声后，又伺机追问下去。如“30.29.28……”或“3.2.1，表演者说“30 卡特总统，29 箱根山，28 布鲁塞尔……3 火柴，2 相思病，1 赌博……”。答完之后，让观众把数字和词语倒过来问，表演者也能全部说中。

用于表演的记忆方法有很多种。比如记忆几百几千位的数字；把打乱了的一副扑克牌，在仅仅几十秒之内记住它的顺序……

前面说过的世界闻名的哈利·罗莱因先生，他能在会议席上，把在场的 500 人的人名和脸面一次记住，曾使人们大吃一惊。他让大家把 20 位的数字用各种语言说 20 个，用英语、法语、西班牙语、日语……都无妨，他当场就能记住。指出第几号时，他就把那个 20 位数用指定的语言对答如流。

炫耀这样的表演，演员就会被视为天才。有这样的技法，人们就会羡慕地说：“有这门本事，语文、数学、法律……还有什么学不好的呢！”据了解，罗莱因先生决不是什么奇才、天才，他只不过掌握了诀窍，训练有素罢了。

而且这种技术决不是单纯为了表演的，它对实际生活起重大作用。学习语文，记忆人名自不必说，在记忆讲演、致词的顺序等各个方面都可以应用。

英国哲学家培根说：“一切知识都不过是记忆。”只有记忆法，才是一切智力活动的源泉。

(1) 表象是一切记忆的开始

快捷记忆法的最基本点，就是通过物象记忆事物。

识记东西的时候，比方说要识记“电视机”时，只去记电视机这 3 个字是不行的，必须在脑海里浮现出电视机这件物品的物象才行。记英语单词Coin时，不只是记“硬币”，必须在脑子里描绘出百元币的物象。

浮想物象，就像在头脑中张开银幕摄像一样，看着文字，听着词语，当场就向这银幕上描绘物象，通过不断的练习，养成这样的习惯，就容易把所见所闻的东西的物象印进脑海里而保存下来，哪怕是时间很短。

试以下面的词语作浮想物象的练习。

1. 书 2. 花 3. 纸烟 4. 眼镜 5. 汽车

6. 女人围巾 7. 表 8. 圆珠笔 9. 电车 10. 领带

那么，怎样浮想物象呢？

浮想物象的要点就是尽可能在脑海里把识记的对象变换成具体的物。从纸烟这两个字，就想到自己经常吸的“可口第七”；要是“领带”，就想自己所喜欢的；“女人围巾”就想女人常围的那种水珠式的——这就是诀窍。

单单去浮想一般的物品，印象浅，难记忆。更换成自己身边的东西就好记了。

另一个诀窍是，用夸张物象的方法，在头脑中描绘圆珠笔时，如浮想实物那么大的物象，印象就不深。要在脑海的银幕上把物象扩大化，如果是花，就想它不是一束，而是一片花圃，这样才能收记忆之效。

在碰头会或说明会上，与其作这样那样的详细的材料汇报或工作说明，不如用表、图、照片来说明，更容易理解些。大家都有这方面的经验，因为这样做容易在脑海里刻上具体的物象。

(2) 把抽象具体化

像恋爱、悲伤、真理等这样抽象的东西，都不能如实地作为物象浮现在脑子里的。那么，怎样才好识记呢？把它们变换成具体的有形的东西加以想象就行了。看了“恋爱”这两个字，就把自己怎样与恋人约会的情景浮现出来，若是没有恋人时，暗中把对自己有意的人当作恋人就可以了。连意中人也没有，就假定张柏芝或刘德华，是自己的恋人。

“悲伤”又怎样识记呢？你想想你自己受到的打击，例如亲人的亡故、失恋等就记住了。

至于记“真理”这个词，则需要花费点心思。由真理这个词所联想的内容太多，也容易因人而异，但只要想到述说真理的哲学家的形象就行了。

人名、地名等那些固有名词又该怎样记呢?

对于很了解的人和曾经旅行过的地方，按其特征描绘出物象即可，不相识的人和陌生的土地无法描绘时，可照下面方法办理。

有一种做法是记住头文字，比如要记美国的五大湖时，第一流的记忆法专家哈利·罗莱因先生告诉我们他是用想象大湖上浮有几间房子的办法记忆的。因为房子 (HOMES) 是由休伦湖 (Huron)、安大略湖 (Ontario) 密执安湖 (Michigan)、伊利湖 (Erie)、苏必利尔湖 (Superior) 依次提取文字组成的。这是一种很好的记忆方法。总之，为了把抽象的不易构成物象的事物记住，秘诀就在于把它与自己熟悉而喜爱的东西连结起来。这点只要稍加练习，很快就可掌握，大家不妨试试。

(3) 众多事项，用整体表象来记忆

说到记忆，并不仅是指记忆百位数字和英语单词，有时说的是身体“记忆”。

患记忆丧失症的人会做出和普通人一样的动作。尽管有 20 年没打棒球和高尔夫球了，身体却还能“记住”那些关键动作，正如人们常说的一句话，叫作“训练有素”。已经掌握的技术，即使本人想把它忘却，身体可仍然还“记得”。

在练高尔夫球时，人家告诉你：球拍怎么握，打球姿势怎么样，啊呀臂肘弯了，膝盖不对……尽管你受到这种种指导，但一下子怎么也记不住，这时有个最有效的办法，那就是通过物象去抓住整体。

在高尔夫球教练中，被举为泰斗的小松原三夫先生，就是用这种物象法教学而收到成效的。比如在教立姿的时候，啰嗦啰嗦地说腰要怎样，脚要怎样，反而使初学者得不到要领，小松原在教这个基本动作时，就挺有方法。

“比方地面上有一块大石头，要用两手把这石头抱到齐腰高，请实际做一做。”

“首先是姿势，臀部要稍微突出，两膝稍微弯曲，轻挺脊梁，作搬起一个很重的石头的姿势。”

在搬起重物时，腰要尽量往上挺，而且两膝要往前弓不能挺直，不这样，重物就搬不起来。

挥棒，是物象学习的另一课题。

“把橡皮下端固定住，把上端用力扭上去，这个橡皮就有一股还原的力。如果这时橡皮的下端没有固定下来——不用说，就会如同旋转木板一样，没有还原的力产生。”

“开始打高尔夫球时，从向后挥棒，到向下挥捧，可以说与这是一样的。”

“把人的身体看作橡皮，相当于下端的，就是身体的下半身，扭动的上端就是双肩，因为人身也是一块弹性体，上半身一转动，还原的力当然就会发生作用。”

从向后挥棒到向下挥棒，球棒甩得很圆滑，但打的球却大大偏右飞掉了，这样的事也不少。虽有种种原因，结果还是球棒的正面偏右所造成的，矫正的办法，是运用物象法，把球棒正面当作团扇，在撞击的时候，选择球棒正面当风处接球。

如上所述，使用整体的物象法，比一一详记某一部分，效率更高。

当然，不仅是身体的运动问题，象棋和围棋复杂的棋局，看一眼就可把它全部记住的职业棋手，把很长的台词能流畅地背诵下来的演员，便都是不知不觉中使用于这一方法。

(4) 物象训练法的诀窍

物象法不单对增强记忆力有帮助，在运动技术的练习中，也能收到与实际练习同样的效果。美国的马克斯伟尔·马尔兹曾举过下边的例子。

把篮球的罚球训练分作下面的 3 个组进行。

A 组进行了 20 天，每天 20 分钟的实际练习；B 组这 20 天里什么都没有练；C 组在这 20 天里每天只练投篮的物象动作。

然后再把各组的第 1 天和第 20 天的得分加以比较。

流了汗实际练习的 A 组得分率提高了 24%。什么都没做的 B 组，当然毫无进步。只练习物象动作的 C 组，得分率提高了 23%。

可以说这是惊人的成果。这个物象训练法，称为“心理排练”，现已渐次被各界采用，只要弄通这个诀窍，那就好极了。不管是在上班乘坐的电车里，也不管是在被窝中，都能够进行打高尔夫球和游泳的练习。

那么在那种用头脑比赛的场合怎么样呢?《读者文摘》杂志登载的约瑟夫·费立普斯的《国际象棋——人们把它叫作比赛》一文中说：国际象棋好汉中最强的恰帕布兰卡，被近乎无名的选手阿尔卡因夺走了冠军。究其原因，据说是阿尔卡因在与豪强决赛之前，稍稍改变了一点战术。他跑到乡下去，戒了烟、酒，通过体操活动做好了赛前的身体准备，在脑子里专门作了针对国际象棋赛的物象训练。

围棋和象棋的能手们，也都利用这个物象法。如前所述，把招数和过去的棋谱牢牢地记住，不断地在脑子里描绘它，在没有棋盘和棋子的地方也从事训练。

据象棋名人木村义雄十四世说，名将在对阵中，经常根据对方的棋式决定作战手段，不像初学者那样作部分思考，“这个马一下来就踩炮，那个车吃……”而是借助图案，抓住全局来描绘物象。所以一面与对手作战，一面针对对方的招数在头脑里描绘几十种作战方案，从而得以记住几千几万个招数和棋谱。

据说世界著名钢琴家阿尔托尔·修那贝尔，当人们问他是不是比别人练习得少时，他回答说：“我在脑袋中练习呢。”

(5) 联结两个物象的联想法

从上可知，快捷记忆法的基本要领，一言以蔽之，就是快速连结物象的联想。快速了解这个联想的变化，并加以应用就叫快捷记忆法。话是这么说，实际上这个方法，谁都在照做。

比如问，瑞士和法国国土是什么形状？能即时回答出来的，只是很内行的地理通，一般人不知道，那是不足为怪的。然而意大利的形状则一般人都知道，这是为什么呢？因为如人们说的它像个靴子，而长靴又是人们所熟悉的形状，把它与意大利的形状连结起来，人们就总也忘不了啦。

哈利·罗莱因先生说：“记忆的基本规律，就是把新的信息与已知的事物进行联想。”

遇到山田先生时，为了不忘记叫他还书，于是就想象熟知的山田先生的脸相，设想在他的脑袋上，放上他要归还的那本书的物象。这样，在一旦见到他时便想起来了。

为了不忘记传达“科长回来的时候社长有请”时，该怎么办呢？这只要想象傲慢的科长在社长面前点头哈腰时的情景就可以了。这样，一旦见到科长时，马上就会想起来。这是由于利用了一个思维唤起另一个思维的原理，把两件事用物象联结起来的缘故。

可是，我们自发地进行的联想，多半是非常散乱的、漫无计划的。常常有这种情形，看到舢板，就想起了忘记领出差费；和人进行无关的谈话时，不知为何突然想起了忘记给交易对手打电话。

所以，把这个联想加以系统化，就可以成为记忆的工具，能够使记忆力增进几十倍。

方法是先通过具体的有形的东西来作联想的练习，以掌握基本要领。接着再把思维、概念之类的无形的东西加以物象化。

(6) 联想最好是不合逻辑、荒诞离奇的

相传3000年前，古代埃及的文献《阿德·海莱谬》里有这样的记载：

一般记不住司空见惯的琐碎的事情，而听到或见到新奇的、意外的、低级丑恶的、无法无天的、巨大的等异乎寻常的怪诞不经的事情，却能长时间地记住。因此，身边时常见闻的事，通常会放过，但对儿时发生的事件却永记不忘。

都是一样的看东西，常态的、司空见惯的事很容易从记忆中漏掉，而异样的事情，老是留在记忆里，这是不是违背常理呢？

事实上确是如此，我们在公司里接触的都是些身着西服佩戴眼镜的人，对这类来客印象淡薄，可是突然来了一位卖花生的大婶和近来很少见的穿着学生服的人，对他们的印象就不是一下子可以消失的了。

比如把“汽车”与“木材”通过联想连结起来，用正常的联想所构成的图形就是载木材的汽车正在飞跑，这就显得很平常，不易留下表象。那么，设想超级大车拉着木材跑怎么样？或者是装上轮胎的木材正在飞跑……这样一来，由于联想是不合逻辑的、相当离奇的缘故，给人的印象就深。

如果是“玉米”和“棒球”又怎样呢？天字第一号的选手吃玉米的表象也不坏，不过这是可能有的。要是想象让他扛着玉米棒子跳到球场来打球，那就生动而有记忆效果了。

当然合乎情理的事，它自身有容易记忆的方面。不管什么样的象棋高手，假如幼儿园的孩子跟他下棋，瞎走一气，也许他就无法记忆了。总之，过分自然的事，印象就弱。

再者，描绘离奇的、不合逻辑的物象，乃是一种创造性的活动，唯有作一番努力，才能够牢固地记在脑子里。

(7) 浮现离奇的物象的 3 个规律

联想物象以带上几分离奇为好。可是，专门去胡乱地想些希奇古怪的事，也太费劲了。因此，在这一段中，介绍浮现离奇的物象的 3 个规律。

①动态法——这是让物象动起来的方法。

以“箱子——飞机”为例，与其记大箱子装有飞机，不如设想让飞机从箱子里飞出来，它以骇人的速度撞击你的脑袋。你这样一想，就会留下强烈的印象。

②代用法——这是用一件事代替另一件事的方法。

在前条“汽车——木材”中，木材被装在轮胎上正在飞跑，也就是让轮胎代替了汽车。

代用法最简单易用，一经掌握它的诀窍，用起来就方便了。

③夸张法——就是把某一事物想象得比实际的大，或者多。联想“柑橘——狗”时，就想象为：把一个大柑橘放在小狗的鼻子上；联想“橡皮筋——东京塔”时，就想象为堆积如山的橡皮筋把东京塔埋起来了。

总之，只要把一方增大或增多，加以有机地运用就不难掌握。

把以上 3 个方法弄通，就可以逐渐把两个三个事物连结起来，构成更强烈的表象，也就是要把代用法、夸张法、动态法这三者都动员起来配合使用。

五、多次复诵，短时记忆能变成长时记忆

初次见面的人的名字和服装，在电话簿上查到的电话号码等，对这些若是没有特别显著的强烈印象，即使当时记住了，稍微过一段时间又想不起

来了。

像这样短命的记忆叫作短时记忆。与此短时记忆相对，过了很长时间仍能提取出来的记忆，就叫作长时记忆。

美国的心理学家斯帕令，曾对这个短时记忆究竟能保持多长时间做过实验。

即把没有意义的数字和希腊语辅音字母用纸写 12 个，提示 0.5 秒钟，紧接着测试，看还能正确地记得几个，实验结果得到的答数是 4 个，拿给被试者看的数字或字母数予以增减，答数仍然是 4 个。

哪怕是一次把全部数字和字母都记忆在脑子里，在提取过程中，也是把另外 8 个忘掉了，只剩下 4 个还记得。从这个实验可知，短时记忆只过几秒钟就几乎全部消失。

对必要的事情非得有长时记忆才行。但是在日常生活中见闻的事，却有很多没有长时记忆的必要，大部分的见闻和经验几乎都是如此。

比如外出走路时，看到沿途的建筑物、风景、走过去的汽车、人、狗、听到种种不同的声音，这些都作为短时记忆进入脑海。只要不是特别引人注目的事情或事件，就会很快忘记。汽车从身后鸣笛即躲开，看见水洼就绕着走，这类事情都没有长时记忆的必要。

反过来看，如果脑子里是装着那么些乱七八糟的信息，那就太滑稽了。就是说，短时记忆在几秒钟就统统忘却是毫无关系的，甚至可以说忘掉更好。人类比电子计算机优越之点，也许就在于有这种“遗忘的能力”。

但是必要的短时记忆可因反复背诵，能够在某种程序上延长它的寿命。把刚刚听到的人名写下来就会留下强烈的印象，刚刚看到的电话号码反复出声背诵，在一定的时间内也忘不了。

在记忆消退之前，把同一个识记的东西多次出声复述，就能使短时记忆延长寿命。但是一旦停止复诵，半途而废，这个记忆就会消退。

很好地理解短时记忆的这种性质，集中思想，反复练习，铭刻在心，就可变短时记忆为长时记忆。

六、先易后难是快捷记忆的捷径

我们中国人在过年的时候，全家人团聚在一起，桌子摆满了大鱼大肉，因为菜太多了，反而觉得胃口不佳。可是我们在吃喜酒的时候，情形又不同了，由于菜是一道一道地端上来的，所以内心里不时地期盼下一道菜的出现，这时我们的胃口奇佳，而且也会觉得菜特别好吃。

记忆的情形也是相同的，如果有一大堆资料摆在您的眼前，相信您看了心里就烦，更何况把它记下来呢？记忆某些事物毕竟不同于吃大鱼大肉，尤其遇到考试或交报告等非记忆不可的情况时，一定要设法排除这种厌恶感。

遇到上述的情形时，您不要把所有的资料都堆在眼前，应该像吃宴席一样，把菜一道一道地上。您可以先把资料加以整理，最好先从容易记的部分入手，当您把容易记的资料记完之后，记忆力会逐渐提高，记忆的信心也不断增加，这时对于较难记忆的资料便能得心应手了。

无论资料有多少，若能先找出容易记的来记，在不知不觉中，您就已记下很多了，等到自己发现原来已经记了那么多时，心里的负担将会减轻许多，而且也有助于消除因资料太多所产生的厌恶感。同样地，当我们有很多事情必须处理时，可以先从较容易的做，或是自己喜欢做的入手，等到工作的情绪进入状态后再做其他的事情，如此一来，就能顺利地把事情处理完毕。总而言之，要消除量或质所带来的厌恶感时，应该设法减少量，或改变质，这点看起来似乎很麻烦，事实上它却是一条捷径。

七、使妨碍记忆的因素成为促进记忆的诱饵

记忆本身并不是一件令人感到快乐的工作。因为记忆会使脑部增加负担。所以每当我们要记忆时，脑中就会浮现出自己喜欢做的事，而使精神分散，妨碍正常报表记忆功能，这时如果再想记忆，妨碍就会更多一层，因此必须先排除杂念，再集中注意力，然后再来记忆。

在这种情形下，如果我们能够找出这些足以分散你注意力的杂念，并利用它来刺激你记忆的诱饵，那么，你必定更容易突破这种记忆的障碍。举个例子来说，当你需要记忆，而心里却浮现看电视、洗澡、喝咖啡等杂念，你就可以把这些杂念作为达到某一记忆目标后的奖品。当你记到某程度时，就去享受一下心中所想到的某个杂念，这么一来，原本是记忆的杂念反而成为不记就得不到的奖品，因而成了刺激记忆的最佳诱导剂。

如果能把这些杂念区分等级，其刺激记忆的效果就更显著。比如，记了10篇文章，要喝杯咖啡并休息15分钟；记20篇，可以淋浴，喝清凉饮料，并休息30分钟；要是记了30篇，就可以到外面玩一个钟头，等等。像这样，把自己的杂念由小到大，逐次排列，并把最大的杂念摆在最后，作为记忆的终极目标。表面上看来，这好像是一种哄骗小孩的把戏，实际上却有惊人的效果。

八、兴趣是记忆的向导

不论是谁，对于自己感兴趣的事都能显示出优异的记忆力。

有这样的人，他把亲密的朋友或老师的名字，甚至把家属的出生年月日都忘记了，却只对有关棒球方面的事显示出惊人的记忆力。

此外有这样的人，在电影、音乐、文学……各个方面，一旦说开了头就

说个没完，还有人对股票行情了解之详细，也十分惊人。

但是相反，也有人连棒球的“棒”字都不知道，因为他对此毫不关心。尽管身边家里人每天都在看电视里的棒球表演，听收音机广播的棒球消息，而他却毫无感觉，视而不见，听而不闻。

有“只有爱好它，才能十分精通它”这样一句话，说的是有了兴趣，才能有好记性。

有人虽然厌恶英语，但是在非学不可的时候，如喜欢推理小说，就把英文推理小说选为教材，那他就会多少发生一些兴趣。有人一面看电影，一面从中学习英语会话。

和那个人很合不来，但是又不得不和他一道工作，怎么办好呢？那只有设法喜欢他。只要对方在趣味上与自己有相同之处，那就通过这一点建立同对方的关系，只有这样克制自己才能渐渐搞好人与人之间的关系。

孩子们都愿意找趣味相投的伙伴。在运动、唱歌、骑车、昆虫、照相……方面的记忆力不亚于大人的孩子多得很。

我们也应该向孩子们学习，要使自己对记忆的对象发生兴趣。有了兴趣就能相应地提高脑细胞的活动能力，集中自己的精神。兴趣与好奇心也是相通的，若是在街上走时一点好奇心也没有，头脑里只想的是工作，就会把对工作上有用的信息也错过去。老人缺乏记忆力，这与其说是由于生理上衰退，倒不如说是由于失去兴趣和好奇心，更为有理。

九、理解记忆记得更牢

我们常常有这种经验：对应该记忆的东西未能记住，甚至完全忘记了。这多半是由于我们只去注意枝节，对本质的东西，比如对原理或大纲等没能理解。

在学校准备考试时，有时想死记硬背。这样得来的记忆量固然很多，不过很容易忘掉。完全靠死记就可作答的考题，暂且不去说它，如果出应用题，就会一筹莫展。靠死记硬背得到了满分的人，并未懂得所答的内容，这种情形，时有所见。

与此相反，对数学中的基本知识，例如一条公式，你如果把它完全理解了，那就不管碰到什么样的应用题，也不会慌张。

假如把死记硬背下来的部分，作为具有某一广度的平面的全部，你又理解了基本的事项，那你只要记住该平面中的几个点就足够了。只要你抓住了重要的点，很快就可以把点和点连结起来求出平面。比方说历史考试当中，出了鸦片战争和南京条约哪个在先这么一道考题，你只要知道清朝在鸦片战争中败给英国，结果才缔结了南京条约，就会很容易记住哪个在先。然而如只记住鸦片战争发生于 1840 年，南京条约订立于 1842 年，那么一旦把年代忘记了，前后因果关系就不清楚了。所以，只要抓住了历史的“来龙去脉”，你就可以较快地理解其中一个个事件的意义了。

记人的名字也是如此，理解有助于记忆。如记外国人的名字，若能了解那个人的生活、家属、朋友、职业、趣味等，就能完全记住那个人的姓名。

十、触景生情能记得更牢

闭门读史书，有时只是白读，产生不出什么表象来，这样的知识置之不顾，很快就会忘记。

你到过历史上有名的地方，比方说去过奈良，见过石头舞台吗？那个用大石头堆砌起来的古坟，只要是看过一次，不管谁都会深受感动，一辈子也不会忘记。这时在历史上发生的有关苏我氏（大和朝廷时代的豪族）的一桩桩事件，就会在脑子里打转转。

我劝你们亲自到那样的地方去，脚踏实地亲自看看那些历史遗迹，把它弄个清楚，在那里去玩味从书本上得到的历史知识，想象当时的风景，缅怀历史上的登场人物如何行动，曾发生过什么事件。那里的小石头，也许就是那个登场人物踢过来的呢。只要站在那里，闭上眼睛，就可以心向往之，引起无限感慨。历史事件一旦和这种感慨结合起来，就会被牢牢地记住，什么时候都可以和实地观感一道回忆起来。

接触实物引起的这种现实感，能够加强理解和记忆。另外亲临现场看看，就会增加对历史的感情，回来之后，就会引起学习和研究有关历史的动机，并有助于加深理解和记忆历史事实。

好奇心大，有助于理解和记忆，哪怕是读一本历史小说，也会引起广泛的好奇心。为了满足这种好奇心，固然可以去翻阅各种文献，但如订立一个称为历史纪行那样的计划，去访问小说的广阔舞台，那就会使好奇心得到更大的满足，而且旅行的情趣也会增加。

十一、了解“遗忘曲线”，加强记忆力

记忆是随着时间的流逝而趋于淡薄的，这是任何人凭经验都知道的。但是到底在什么情况下记忆才会淡薄下去呢？换句话说，遗忘的量同经过的时间的关系又是怎样呢？研究过这个问题的是 19 世纪末的德国实验心理学家艾宾浩斯，他把实验结果绘成图表，这就是有名的艾宾浩斯遗忘曲线。

他用 3 个希腊字母构成“无意义”音节，以此作为记忆的对象。在心理学中做记忆实验时，使用有意义词如人、语言、男人、俏皮话、树梢等是不合适的。这是因为即使是同一个词也会在个人之间引起不同的联想。如用无意义音节，对什么人都是无意义的，所以唤不起联想。

他所使用过的无意义音节是 PIJ 或 CAZ 或 VEC，在两个辅音之间加上一个元音，由 3 个字母构成音节，使发音容易一些。

把这些无意义音节 8 个作为一组，共分 8 组，把自己作为被试者，测定完全记住所需时间。其结果是用了约 1000 秒。而过了 20 分钟之后，把同样内容再反复记一遍时，缩短为 420 秒。就是说快了 580 秒。这个快的时间，用百分率表示它就是“省时率”。所以 20 分钟之后的省时率为 58%，反过来说，“遗忘率”为 42%。

由此可知，20 分钟后的遗忘率为 42%，初期的遗忘率是很迅速的，而在这以后的遗忘率却是缓慢的，1 个月以后的省时率约为 20%，就是说 1 周以后也好，1 个月以后也好，为了恢复最初时的记忆，只要最初记忆所需时间的 80%左右即可。

这件事还告诉我们，遗忘是在学习之后急速进行的，要想防止它，必须尽早地加以复习。

十二、代价记忆更深刻

学什么东西的时候，如果老师杰出而且有善心，名声好，学费又便宜，那是再好也没有的了。

但是，真正想扎扎实实地学到点东西，到学费高的地方去求教，也是一种方法。到那种地方一定会在每一次听课中，对老师的每一个举动都会瞪大眼睛去看，对他的每一句话都去侧耳倾听，越是多花钱，听完课回来之后，越能认真地把所见所闻加以整理，反复去记忆。这种心情是自发的，是什么都难以买到的，这是出高额学费所得到的十二分报酬。

反之，如学费便宜，那么即使学得不出色，也觉得没啥关系。

在家庭中，常常看到哥哥教弟弟读书的情形，由于辅导者是家里人，所以被辅导的人总觉得不起劲。因为不需要另付学费，老师也不厉害，弟弟不需要付出任何代价，结果十分被动，精力也不集中，对哥哥教的只是默默地听完了事。因此，无论如何也记不住本质的东西，要想理解事物的本质，首要的是靠学习者本人的积极性。

但是，要是弟弟必须对哥哥这位教者付出某种代价时，弟弟的态度也会变化，这时他要向哥哥问个一清二楚，另一方面，哥哥因得到了报酬，那就不得不一本正经地教。同样这个道理，也适用于读书。

非看不可的书即使是高价，自己也愿掏出血汗钱来买，因为不看不行，若是同别人借的或人家送给的书，那就是不读也不会担心有损于自己。

想要记住什么，必定要做出某种牺牲，这种牺牲有时是时间，有时是金钱，有时是交友，要收回放心，专注于学习对象，预先就得付出牺牲。

在求知的好奇心旺盛的年轻时期，即使把三餐饭减为两餐，也是不在乎的，如果认定了此书对自己有用处，那就要买到手，哪怕是节衣缩食也在所不惜，这样弄到的书，即使他长时间放着不读，也是抱着总有一天要读的心情，若是从别人那里借来的书，连一页都不读就送还的也不乏其人。

十三、记忆效力在于“你可曾想起了我”

解难题和解谜之类的事似乎很流行，报纸的星期天版和杂志大体上都登载，电视的解谜节目也像是很得人心。

就拿我们解难题和解谜来说吧，不费劲就解得开的，很快就忘记了；那些老是得不出答案的问题，往往长时间地留在头脑里。

这是因为在面对问题时，尽管全神贯注，一旦解开就不在意了，心情随之松懈，所以也就忘记了。而解不开的问题，则要想尽一切办法去解开它，因而一直残留在脑子的某个角落里，那些完全可以理解的报纸的记事、人们的讲话，等等，不如稍有疑难的问题记得牢。

像这种解答未遂的问题，强烈地留在记忆里的现象称为“蔡戈尼记忆效应”。因为这个现象的发现者是心理学家蔡戈尼女士，所以才取了这个名字。

她把被试者编了 A、B 两个小组，给他们出了一个简单问题，比如让他们用简易的加法解答问题。在这个实验中，让 A 小组一直做到全部解开为止，对 B 小组在计算的半路上突然下令中止其计算。然后指示 B 小组回忆先前计算的问题。

其结果是：半路上中止的 B 小组，在保存记忆方面比全部把问题解开了的 A 小组要好。

如果留意到蔡戈尼的这个记忆效应说就会明了：在想保存记忆的时候，最好是不要认为自己对那件事已经完全理解了，而要告诫自己说还差得远，自己的理解还是很不充分的。

所谓“临阵磨枪”的学习效果，实际上就是这个蔡戈尼记忆效应所致。因为心情紧张，所以记忆得好，而且总觉得那种学习不踏实，所以难忘，可是一旦考试完毕，就几乎全都忘掉。其所以如此，不外乎是他从一直支配着自己的紧张感中解放出来了的缘故。

而半路上中止下来的B小组，如以其取得的结果来测定其能力时，那么它就不如全做完的那个A小组记得好。这是因为B小组有一种把自己的不快记忆想尽早忘记的心理。

话扯远了一点，人类的愉快的经验，比不愉快的经验容易记忆。据E.N.亨达逊的实验，得出一个很有趣的结果：在一生已记住的100起事件中，有55%是愉快的，33%是不愉快的，其余的则是平常的。

十四、以阅读的4倍时间来记忆最有效

记忆的能力随着年龄的不同会有很大的差异，年龄越高的人，记忆的能力就越低，年龄大的人在学习外语时进步迟缓，这就是记忆能力较低的缘故。

我们在年轻时候所背过的东西，到了成年之后仍然能应用自如，因此，我们必须趁着年轻的时候，学会记忆最多事物的方法。

至于要用什么方法呢？以研究记忆和心理学而著名的杰兹博士曾做过下面的试验：将所有被试验的人分成4组，给每一组9分钟的时间，记忆16个毫无意义的拼字。A组以全部的时间花在阅读上；B组以3/5的时间阅读，2/5的时间记忆；C组以2/5的时间阅读，3/5的时间记忆；D组则以1/5的时间阅读，4/5的时间记忆。然后，再调查看看一组所能够记忆的程度。

一般说来，记忆的时间分配得越长，记忆量就越增加。比如，将全部时间花在阅读上的A组，读完以后，能够记忆35%的内容。而最后4/5时间记忆的D组，能够记忆74%，也就是比第一组多于1倍。

不仅如此，在4小时后，再调查的结果显示：以全部时间阅读的A组，

能够记忆的只剩15%。而花4/5时间记忆的D组，剩下38%的内容，等于是还有一半保留在记忆里。而且，经的时间越久，其间的差别也越大。

由此可知，在记忆上经一些时间，不但能增加记忆量，而且，还可以使记忆保持长久。根据杰兹实验的结果，以1/5的时间阅读，4/5的时间记忆，效果最好。

常常有人说："记忆中文很简单，可是，要记忆英语就没那么容易了。"这是不正确的说法。我们往往会有一种错觉，总以为看起来很难的东西，就一定很难学会，事实上，英语也有一定的条理和法则可寻，所以，只要反复地记忆，必定能够学得很好。

第六章

如何记住文理科内容

记忆各种文理科内容也是不少人（尤其是在校的学生）感兴趣的问题。但是这个题目覆盖的范围太宽了，作者只能挂一漏万地做一些粗浅的探讨。

一、理工内容的记忆

1. 刻苦钻研基本概念，在理解的基础上记忆

数字串、电话号码、人名等内容往往没有严格的逻辑关系和推理，记忆时没有什么理解不理解的问题。所以从一定意义上讲，即使采用机械记忆，死记硬背，应用时能照搬照套也就行了，在绝大多数情况不存在灵活运用的问题；在讨论如何记忆这些没有严密逻辑关系的内容时，只是为了便于记忆，才从不同角度千方百计地去“挖掘”被记忆对象的“属性”、与其他事物的“联系”，等等。

对于绝大多数不是专门研究英语，而只是把英语作为工具的人来说，学习英语的情况也大体上是这样，主要是一个记忆的问题，而没有更多的理解问题。

理工科的内容则完全不是这种情况了。除了一小部分需要机械记忆外，绝大部分都有一个完整的体系，不同内容之间一环套一环，互相之间有内在的、严格的逻辑关系。应用理工知识时也很少有照搬照套就能解决问题的，大多数情况下要求灵活运用。正因为这样，学习理工内容的基本方法就应该与记忆数字串和英语等内容完全不同，应该在深刻理解其精神实质的基础上去记忆。

怎样才能做到深刻理解理工知识的精神实质呢？最基本的方法就是刻苦钻研基本概念。什么是基本概念？学校教科书所讲的一些最基本的定义和定理就是基本概念。教科书不同于一般的书籍，它们都是经过审定的，由国内最有权威的专家们经过反复推敲，精心写成的，文字表达准确，简明扼要，可以说字字都有讲究，多一字不行，少一字也不行。对于这样的内容，学习的时候不能人云亦云，机械背诵书上的文字，满足于字面上的理解。而应该逐字逐句推敲，体会其内在的含义。只要这样去做，最后必然能够逐字逐句地背诵教科书上表达基本概念的文字，有时甚至可以熟到一字不错的地步。只有到了这个

地步，才能体会到教科书上写的是最好最准确的。从某种意义上讲，在理解的基础上准确地记住了的基本概念在用的时候才能“招之即来”，才能发现问题和解决问题。那些只有在听了别人的讲解或看了书本以后才能想起基本概念来的人是不太可能发现问题的，有时甚至还会接受错误的概念。例如一本20世纪60年代流行的科普丛书解释火箭飞行原理时认为“火箭喷出的高速气体作用于空气，空气就产生反作用力，把火箭推向前”。这种错误解释之所以发生，就是由于没有把初中物理中牛顿第三定律(两个物体间的作用力和反作用力同时产生、大小相等、方向相反)中的“两个物体间”这几个字的含义搞清楚，结果错误地把三个物体混在一起来解释了。

只有深刻理解了基本概念，才能抓住事物的本质，才能在学到基本概念和应用实例的同时也学到了寓于这些基本概念和实例中的逻辑思维和推理的方法。无论从提高智力水平还是从解决实际问题时的灵活运用来说，这后一个收获都是比前一个收获更为重要，因为具体的个别基本概念可能会随着时间推移而遗忘，但在学这些基本概念过程中学到的逻辑推理能力和思维方法却是长期起作用的，尤其会在灵活运用基本概念解决实际问题的过程中显现出来。例如，作者20世纪50年代上初二时第一次听“平面几何”课，任课老师从书的名字讲起，说“几何”两字是从英语“Geometry”翻译过来的，“Geo”是“地”的意思，“Geometry”就是“测地术”，是古代尼罗河泛滥以后测量土地面积而发展起来的，而“平面”两字是相对于高中要学的立体几何中的“立体”两字而言的。一年后上“平面三角”课，任课老师只讲了书名中“三角”两字的含义，没有解释此处“平面”两字是什么意思，我们课后问老师是不是到了高中要学“立体三角”？这位老师听后如实回答说：“不知道，没有听说过有立体三角”。后来从别的渠道知道了“平面三角”是相对于“球面三角”而言的。经过这两个问题的讲解和钻研，我们似乎悟出一点钻研基本概念的方法——多问几个为什么。这样学习和钻研上一段时间，自己的脑子中也就形成一种思维定势，无论是在学习或是在工作中，都会下意识地去钻研，去发现问题和提出问题。

学习过程中每引入一个新的基本概念，都要问一个为什么，比较一下与老的概念有什么区别，新的概念有什么深化。例如初中时用锐角三角形的对边比斜边定义正弦，高中时用直角坐标系统中的 Y/R 定义任意角度的正弦，大学的微积分用无穷级数定义正弦。学习的时候应该与概念的深化同步，去体会为什么新的定义比老的定义更严格和准确。

有的人不重视基本概念，而只注意一味地死记硬背，不但碰到问题不会灵活运用，而且时间一久，记住的内容就可能混淆。为了避免混淆，他们又设想出了很多防止的方法，人为地增加了记忆量。例如不少中学生经常搞不清四个象限里的三角函数 sin θ、cos θ、tg θ、ctg θ、sec θ、cosec θ 的正负，于是总结出了“单变双不变，正负看象限”的口诀来解决这个问题。可是有的学生并不清楚口诀里的“单、双、正、负”等字的真正含义，用的时候还是经常发生差错。其实记忆四个象限里的三角函数 sin θ、cos θ、tg θ、ctg θ、sec θ、cosec θ 的正负变化规律最可靠与最准确的方法就是从它们的基本定义入手，只要知道直角坐标的正负规定和 sin θ、cos θ、tg θ、ctg θ、sec θ、cosec θ 的定义，每个象限里的某一个函数是正是负就一目了然了。

2. 抓住关键内容

学习理工科内容时要抓住关键内容，而不要把主要精力放在记忆一些枝节的内容上。因为关键内容记住了，其他次要的、派生出来的内容即使一时想不起来，也可以慢慢地独立推导出来。例如初中学了一元二次方程式 $ax^2+bx+c=0$。有许多解法，什么因式分解法、提取公因式法、公式法，等等。其实公式法是最主要的一种方法，其中的判别式 b^2-4ac 更是关键，高中和大学里学习解析几何和微积分时要反复用到，必须记得滚瓜烂熟才行。但是很多学生却把注意力放在一些次要的解题方法上，对于公式法却印象不深。这样的学生也许当时考试能得好成绩，但并没有掌握主要的内容。

3. 充分利用图象

理工科的不少内容都是以数学公式的形式出现的。数学公式比较抽象，把数学公式绘成曲线，物理意义和几何意义就一目了然了，而且图像的记忆效果比较好。

二、如何记忆历史地理内容

地理和历史一类的内容，既不同于记忆基本上没有内在逻辑联系的数字串和姓名等，也不同于有严格的逻辑推理关系的理工知识，似乎介于两者之间。历史地理内容有一定的因果关系，但又不是严格的逻辑推理关系，所以记忆方法也介于两者之间。

需要记住的地理和历史知识，可以采用前面介绍过的各种方法，其中尤以“口诀法”效果最好。例如：黄河流经的九个省区是：青海、四川、甘肃、宁夏回族自治区、内蒙古自治区、陕西、山西、河南和山东。可以编成以下上口的口诀：青川甘柠檬（“柠”字与“宁”字同音，“檬”字与内蒙古的“蒙”字同音），过了西（陕西）山（山西）到河（河南）东（山东）。也许有人担心这样的口诀是不是会把“西（陕西）”错成山西，把“山（山西）”错成山东，把“河（河南）”错成河北，把“东（山东）”错成广东？从字面上看是有这个可能的，但是一般只要对着地图看过黄河的人都会有一个大概的印象，黄河在山东入海，不会流到河北省，更不会流到南方的广东省去。

对于我国的省市自治区，周恩来总理曾经写过一首七言诗：

两湖两广两河山，五江云贵福吉安，四西二宁青甘陕，还有内台北上天。

首句指湖南湖北、广东广西、河南河北、山东山西；第二句指：江苏、浙江、江西、黑龙江、新疆（谐音）、云南、贵州、福建、吉林、安徽；第三句指：四川、西藏、宁夏、辽宁、青海、甘肃、陕西；末句指：内蒙古、台湾、北京、上海、天津。记住了这四句诗，我国三十个省、市、自治区的名称就都记住了。

周总理编这首七言诗时海南省和重庆直辖市还未设立，加上海南省和重庆市，可以补充如下：

两湖两广两河山，五江云贵福吉安，四西二宁青甘陕，海内北台上天渝。

不少材料中介绍了一些记忆中国朝代顺序的《中国朝代歌》，下面是其中的一首：

尧舜禹夏汤商周，春秋战国乱悠悠。

秦汉三国晋统一，南朝北朝是对头。

隋唐五代又十国，宋元明清帝王休。

短短六句，便将上起先秦，下到清代的几千年“历程”交代得清清楚楚。

有了口诀以后便于记忆了，但是也不要死记硬背，最好是一边背诵，一边看或想象它本身所反映的内容。例如，在学习过程中背有关地理的顺口溜，就要一边背一边看地图，在应用的时候背，背到哪个地方，脑子里的地图就要展开到哪儿，而且可以想象自己顺着黄河“漂流”，每到一个主要的城市都停一停，游览一下当地的名胜古迹，尝尝当地的小吃，这样便可以把口诀每个字所反映的内容牢牢地记住。

背有关历史事件的口诀也要积极思维，例如可以把自己“投身”到古代的历史事件中去，“亲眼目睹”当时发生的主要历史事件，尤其是发生重大转折的事件。

重要的历史年代是必须记住的，而年代就是数字串，可以应用前面介绍过的记忆数字串的各种方法。

三、用记忆链把文章要点串联起来

要想领会一篇文章的精神实质，首先必须要记住这篇文章的主要内容。为此可以用记忆链把文章的要点串联起来。由于一篇文章的各个章节一般说来都有内在的逻辑联系，所以形成的记忆链也是合乎逻辑的，很便于记忆。需要特别注意的就是文章的转折点。文章到了转折点，叙述的话题就变换了，合乎逻辑的记忆链就会中断，所以对于转折点要倍加注意，要有意识地多重复背几遍，并在背的时候不断地提醒自己：“此处是转折点，要记住”，也可以用荒谬的记忆链把前后互不相关的段联系起来。

为了加深对文章的理解，还可以从文章的写作手法上多想一想。首先假定如果自己是文章的作者，可能会怎么写，而文章的作者却不是那样写，为什么？他的写法好在什么地方，等等。经过这样的分析，可以牢牢地把文章的内容和结构记住。

四、如何背课文

学习语文经常需要背诵一些范文，如何才能背诵得快呢？

首先是用上一节介绍的方法记住文章的要点和结构特点，其次是要积极思维，把自己“置身”到所背诵课文的环境中去。例如，背诵欧阳修的《醉翁亭记》，就要一边背，一边想象自己跟随着欧阳修一起去游玩，一起喝酒等情景。这样背诵的效果就特别好，只要一想起与课文中的词句相对应的情景，就会想起是什么词句。

熟到一定程度以后就可以试着背背，看什么地方没有记住，然后再在这些记不住或记错了的地方多下点功夫，直到能正确地背出为止。

现代各种录音器材非常普及，不需要别人配合就可以检查背得对不对，应该充分加以利用。机械式录音设备录放时需要进带倒带，比较麻烦，所以最好采用电子式的录音器材，背诵一结束就可以立即检查其中的任意一个段落，可以大大提高学习效率。

五、英语学习中的记忆问题

在世界日益信息化和网络化的当今社会里，英语的用途实在是太大了，掌握了英语，就能够在国际互联网络 Internet 上畅通无阻，及时获取国际最新信息。从一定意义上讲，英语是“知识倍增器”和“才能倍增器”，对于现在的知识分子来说，英语不是可有可无的，而是必须掌握的一种知识。学习英语离不开记忆，单词的语音与拼写、单词与词组的释义以及语法知识等都需要记忆，下面介绍一些英语学习中的记忆方法。

1. 一开始就抓紧

学生对于英语有两种截然不同的心态。有的认为“英语是各门功课中最难学的”，而有的则认为“英语是各门功课中最好学的”。产生这两种截然不同的心态的原因很多，刚开始学英语时是不是抓紧是一个主要原因。

以很多人认为英语单词难记这个问题来说吧，如果一开始学英语就抓紧，方法得当(主要是从语音入手)，学一课会一课，平均一个星期里需要记忆的生词数量并不大，初中阶段为十来个，高中阶段为二十来个，大学阶段为三十来个。对于记忆力极好的年轻学生来说，应该没有太多困难。随着学习的进展，他们对于英语的爱好程度与日俱增，越学越爱学，越学越会学。循序渐进，日积月累，高中毕业时可以熟练掌握3000个左右英语单词，大学毕业时可以掌握5000个左右英语单词和相应的语法知识。对于他们来说，整个英语学习过程是很愉快的，因而感到“英语是各门主课中最容易学的”。

如果平时不抓紧，到了中考或高考时才去复习，此时所面对的单词数量就有1000余个与3000余个了。这么大的记忆量，年纪再轻也会感到困难，何况还有不少需要记忆的语法知识呢！如果说在初中阶段，由于所学内容少，凭借年纪轻，记忆力好，即使平时不抓紧，临考试突击记忆一下或许还能勉强通过考试的话，那么进入高中与大学后，随着所学单词数量的积累与内容难度的增加，平时不抓紧，临时突击的方法很难奏效，不是考不及格就是得分不高。与这种情况相对应，他们对英语学习的畏难情绪也与日俱增，越来越会感到英语“难学”，有的甚至完全失去信心，得出“英语是各门功课中最难学的”的结论。

2. 从语音入手

即使一开始就抓紧，也还有学习方法问题。方法对头事半功倍，方法不对事倍功半。学习英语的方法很多，从语音入手是其中很重要的一条。在正确语音的基础上努力学习，一定能学会英语(能阅读、能听、能说)，而语音知识不好则很难学到全面的英语知识。

(1) 为了能“听”能“说”必须从语音入手。过去学习英语的目的是为了能阅读英语书刊，对于听力和口语不做要求。今天学习英语的目的是为了能与外国人进行面对面的直接交流，除了有一定的阅读能力以外，还要求有一定的口语水平，要能听能说。“听”与“说”是紧紧地与语音联系在一起的，如果不重视语音，即使掌握了一些英语知识，通过了某种考试，但仍然摆脱不了“哑巴”状态，听不懂，说不了，没有多大的实用价值。

(2) 英语是拼音文字，大部分英语单词的发音是规则的，从语音入手记忆效果特别好。

语音在英语单词记忆中的重要作用表现在两个方面，一是使单词的拼读融为一体，二是充分发挥音响在记忆中的作用。英语作为拼音文字，词的音和形是紧密地联系在一起的。英语发音虽然不是完全有规律，不能像有的语种那样做到“见到就会念，会念就会写”。但它毕竟不是音形脱节的象形文字，它的发音基本上还是有规律的。通过正确的读音去记英语单词，把英语单词的拼读融为一体，不但是记忆英语单词的最基本的方法，而且是一条捷径，可以收到“事半功倍”的效果，基本上做到“会念也就会写”。

由于听觉记忆有视觉记忆所没有的独特效果，朗读又可以形成“运动记忆”，因此出声朗读有助于记忆，高声而清楚的朗读效果更好。有节奏的朗读还能唤起回忆。经常有这样的情况，某些词语默着拼写不出来，但是一边念着一边写就能很顺利地把它带出来。

有的人不太重视语音和朗读，记忆生词时音形脱节，如同一笔一画记汉字一样的一个字母一个字母地去记英语单词。例如有的人记“hotel”一词时，嘴里不断地重复“h—o—t—e—l 旅馆”……，就是读不出正确的 [hou′ tel] 来。用这样方法去学习英语和记忆英语单词，也许能通过考试，但是很难真正掌握英语。习惯于用这种方法记忆英语单词的人，在阅读英语书刊时也是一个字母一个字母的拼成一个词，看自己认不认得，不知道是什么意思，一句中所有的词都搞清楚了汉语的译意以后再进行语法分析，看整个句子是什么意思，整个段落是什么意思，整篇文章是什么意思等，因而难以提高阅读速度。

(3) 第一次接触任何一个英语生词的语音时，脑子里一片空白，先入为主，所以一开始就要掌握正确发音，以便在脑子里形成正确的语音形象。只要第一次接触时记住的声音形象是正确的，发音再特殊的生词也能自然而然地记住。

如果第一次接触到生词时记住了错误的语音形象，不但不利于记忆，而且事后纠正起来非常困难。例如不要把 intermediate 一词中的 diate 朗读成 dirte 等。目前有声英语教材很多，学习时应该充分加以利用。

(4) 大声朗读。在正确掌握语音的基础上，应该大声朗读英语单词或课文，使口腔肌肉运动起来，参与整个的记忆过程，形成“运动记忆”。研究记忆机理的科学家认为，人对于肌肉运动形成的“运动记忆”特别深刻，可以维持很长的时间，甚至终身不忘。比方说，我们年幼时学会了骑自行车和游泳，即使中间隔了多年，也不会忘记。当我们“读”英语时，口腔和喉头的肌肉都在脑子的统一指挥下运动，口腔肌肉在很暂短的时间内要做一连串的运动，舌头的升降进退，嘴唇的张开闭合、口腔及喉头肌肉的各种振颤，等等，构成了千万种不同的组合，不同的单词发音对应于不同的某一个组合，经过多次的重复，对应于这个发音的运动组合就会形成牢固的“运动记忆”。由此可见，朗读(尤其是高声朗读)对于英语单词的记忆是非常重要的。

(5) 注意特殊的发音与重复的字母。从语音入手记忆英语单词时要特别注意特殊发音与不发音字母。例如 parachute(降落伞)一词中的 ch 发 sh 的音，记忆时脑子里可加以下潜台词：“此处拼写是 ch，但是发 sh 的音”；又如 climb 中的 b 不发音，记忆时脑子里可加以下潜台词；“最后有一个不发音的 b”；又如为了不根据发音把 negotiate 一词错拼写成 negociate，记忆时脑子里可加以下潜台词：“是 t 不是 c”。

(6) 注意记住单词中连续出现的字母。不少单词中有的字母是重复的，初次接触到时就要特别注意，例如 satellite 中的两个 l，第一次接触时就要提醒自己“这里有两个 l”。

(7) 注意细微的语音区别。朗读时要特别注意细微的语音区别，以使记得的词拼写准确无误。例如朗读 environment 和 surprise 时要注意发出 enviroNment 中的 N 和 suRprise 中的 R，以便准确地记住其拼写为 enviroment 和 suprise。

(8) 不要用汉语注音；有的人记忆英语单词时用汉语做注音，例如用“固德拜”记忆 goodbye(再见)、用“蛇”记忆 sir(先生)、用“蒙你”记忆 money(金钱)，等等。

对于没有英语基础知识，但是实际工作中迫切需要学几句简单英语会话的人来说，也许可以采用这种应急的记忆方法。真正把英语作为一门知识来学的学生和在职人员来说，最好不要采用这种方法。因为汉语属汉藏语系，而英语是印欧语系，两者在语音上差异很大。

(9) 什么时候补语音都来得及。不少人由于种种原因在前期英语学习中没有掌握基本语音知识，从而陷入极大的被动，想补语音知识又感到来不及。其实磨刀不误砍柴工，什么时候补学语音知识都来得及。只要结合当前所学的内容，坚持从语音入手，做到能正确地朗读全部课文，用不了多长时间就可以掌握基本语音知识，取得英语学习中的主动权，否则永无翻身之日。

(10) 利用电子录音机。笔者曾设计过一种不用磁带的专利电子录音机，非常适合于从语音入手记忆英语单词。使用时首先把需要记忆的单词拼写、读音和释义输入进去 (自己朗读或从英语教学磁带中提取)，随后它能不断地重复播出，一边听一边大声跟着朗读 (周围无人时) 或默读 (周围有人时)，效果极佳。有了电子录音机，可以充分利用零碎时间。每日乘车上下班的人用它记忆英语单词的效果更好。

国内目前已经有多家厂商出产同类产品，例如 YJ—631 和 AJ—632 型便携式电脑语言复读机，很适合用来记忆英语单词。

3. 不断复习，巩固记忆

从前面介绍的艾宾浩斯遗忘曲线可知，人脑对于英语单词记忆遗忘的快慢是先快后慢的。根据这个特性，人们广泛采用如图 7—1 所示的循环记忆法记忆英语单词，以不断复习，巩固记忆。

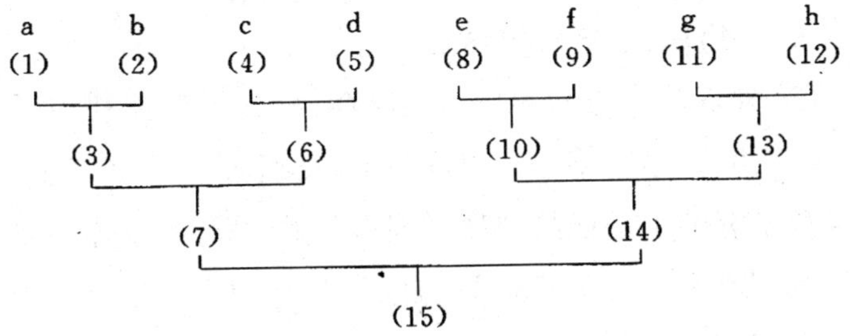

图　7-1

图中的 a、b、c、d、e、f、g、h 等字母表示需要记忆的英语单词组，数字表示记忆的顺序。

(1) 背 a 组 (9) 背 f 组

(2) 背 b 组 (10) 复习 e、f 组

(3) 复习 a、b 组 (11) 背 g 组

(4) 背 c 组 (12) 背 h 组

(5) 背 d 组 (13) 复习 S、h 组

(6) 复习 c、d 组 (14) 背 e、f、g、h 组

(7) 复习 a、b、c、d 组 (15) 总复习

(8) 背 e 组

一般每次记忆的英语单词数以七个左右为宜。复习时间间隔第一次为几分钟，第二次为几小时，第三次为一两天，第四次为四五天，第六次为一个月，第七次为几个月。

具体应用这种记忆方法时不要机械地照搬照套，而要因人而异和因地制宜，以获得最佳的记忆效果为目的。

根据循环记忆法的原理，应该见缝插针，抓住零碎时间不断复习。生词本和录音带也要随身带，一有空就朗读和听录音。

4. 在各种环境因素下记忆单词

记忆英语单词与环境因素有关。例如学一课之前，先学该课的英语单词，每个单词后面是音标、词类与释义，有顺序地排列着。“学会了”这些单词以后再学课文。在学课文的过程中，碰到已经“学会了”的单词，往往仍感到“陌生”，不知道是什么意思和怎样发音，只得再翻回去看看生词表上的有关注释。如此多次反复，才能记住和理解这些英语单词。

为什么会有这种现象呢？因为在记忆和理解英语时你利用了生词表的“环境因素”的“暗示”，诸如某一个单词在生词表中的顺序和印刷的样式(尤其是大小写)等都是有助于记忆的“环境因素”的“暗示”。学习课文时，这些“环境因素”的“暗示”没有了，你也就感到“陌生”了，不认得了。记忆和理解英语单词的时候，我们要利用“环境因素”的“暗示”，随后又在不断地学习和应用过程中逐步摆脱这些“环境因素”的“暗示”，达到抽象的记忆

和理解。而且即使已经记住了的生词，也只是在特定的环境里才知道其意义，环境一变，似乎又成了生词。比方说，从某一课里学到了一个生词，而且确实记住了，如果把这个生词放到另一新课里，可能会觉得陌生。为什么会这样呢？因为课文的内容和题材，编排的形式等“环境因素”改变了。因此，要想熟练地掌握英语单词，还必须要在各种环境下记忆。不管主观上是否意识到了这一点，这是我们每个人记忆英语单词时实际上走着的一条曲折的路。因此必须要有长期艰苦努力的思想准备，千万不要因为在短期内记不住而灰心丧气。

至于理解某一单词的广泛释义，更是需要通过不断地反复才能达到。刚开始学习英语的时候，教科书上一般一个英语单词只列出某课课文中用得着的汉语释义，例如初中英语第一次碰到 get 这个词时只列出“获得、得到”等注释。这样的注释看多了，初学者往往误以为 get 这个英语单词就只有这些汉语解释，而且牢牢地记住了这些释义，别人问起时能毫不犹豫地回答出来。继续学下去，才知道这个单词还有许多别的解释。它可以当“抵达”解，如：When do we get to Beijing?（我们什么时候到达北京？）；也可以作“变为”解，如：It’s getting warmer and warmer(天气变得越来越暖和了)；还可以当“理解、记住、听到、学到”解，如：Do you get me?（你明白我的意思吗？)Yes, I got(是的，我明白)。此外还有许多别的解释，尤其是与别的词组合在一起，其表达力就更丰富了。诸如 get away 作“离开、滚开”解，get through 做“到达、(打电话)打通”解，get up 作“起床、登上”，解，等等。等到脑子里有了这么多对于 get 这个单词意义的理解时，别人猛一问 get 这个英语单词是什么意思时，还不一定能马上回答出来。但是当这个单词与别的单词组合在一起，在不同的文章里出现时，却都能随机应变地正确理解它。只有到了这种境界，才能说明对英语单词意义的理解比较广泛了，水平提高了。

由此可见，短时突击机械地记忆大量英语单词达不到全面提高英语水平的目的，只有与语音、语法以及与其他英语单词有机地结合在一起的单词才是“有血有肉”有生命力的，才是有助于提高英语水平的。

5. 构词法记忆

大约一半以上的英语单词是由词根与前缀或后缀构成的，所以分析单词结构，了解词根与前后缀的含义，便有可能举一反三，触类旁通，记住大量的英语单词。

词根数量大，有专门书籍介绍，此处不再介绍。以下是一些常用的前缀和后缀。

(1) 常用前缀

·ab—脱离

abnormal 反常的

abuse 滥用

·anti—反

antigovernment 反政府

antitank 反坦克

·auto—自动的

automatic 自动的

automobile 汽车

·Bi—双，二

bicycle(双轮)自行车

biweekly 双周一次的，双周刊

·by—附属的，旁边的

byproduct 副产品

byeffect 副作用

·centi—百，百分之一

centimeter 毫米

century 世纪

·circum—环境，在周边

circumsolar 围绕太阳的

circumstance 环境

·co- 共，一起

coexist 共存

cooperate 合作

·con—共同，一起

concur 同时发生

在 l 前为 col，如 collision 碰撞

在 m、b 或 p 前为 com，如 compress 压缩

在 r 前为 cor，如 correlative 有相互关系的

·contra—相反

contrast 对比

contradiction 矛盾

·counter—反对

counterclockwise 反时针的

counterattack 反攻击

·de—除去

decompose 分解

decrease 减少

·deca—十

decade 十年，旬

·deci—十分之一

decimial 十进的，小数的，小数

·di—二

·dioxide 二氧化物

·diode 二极管

·dia—通过，横过

diametre 直径

diagonal 对角线

·dis—不，无

disappear 消失

disconnect 切断

·en—置于，使

encircle 包围

enable 使能

encourage 鼓励

·ex—除去，离开，出自

exclude 除掉

except 除……外

·fore—前；先；预

forecast 预报

foreword 前言

·hemi—半

hemisphere 半球

hemicycle 半圆形

·homo—同

homogeneous 均匀的

homophase 同相

·hyper—超越

hypersonic 超声速的

hyperfine 高度精细的

·in—在内；向内

inside 内部

information 情报；信息

·mter—在……间；相互

interchange 交换

mteraction 相互作用

·intro—向内；向中

introduce 引导；传入

introduction 介绍；导论

·kilo—千

kilogram 公斤，千克

kilometre 千米，公里

·micro—微；小

microphone 麦克风；话筒

microwaves 微波

·mid—中

middle 中间

midway 中途

·mis—误

misunderstand 误解；误会

mistake 错误

·mono—单；一

monochrome 单色

monopoly 垄断

·multi—多

multiform 多形的

multimeter 万用表

·non—非；不

nonmetal 非金属

nonconductor 非导体

·out—超过；向外

outbreak 爆发

outside 外部

·over—超过；过分

·overcharge 过量充电

overload 超载

·para—准……，降落伞的

paramilitary 准军事的

paratroop 伞兵

·pent—五

pentode 五极管

Pentagon(美国防部)五角大楼

·peri—周围、靠近

period 周期

periphery 外部的

·photo—照片

photochemistry 光化学

photograph 相片

·poly—多

polytechnic 多种工艺的

·post—后

postwar 战后的

·pre—前

prewar 战前的

preset 预置

·pro—亲

progovernment 亲政府的

·re—再

rewrite 重写

reconstruction 重建

·radio—无线电，放射，辐射

radiobroadcasting 无线电广播

radioactive 放射性的

·semi—

semiconductor 半导体

semiautomatic. 半自动

·sub—次于，低于，在下

subway 地下铁道

submerge 浸在水中

subsonic 亚音速的

subsystem 分系统

·sur—在上，超

surface 表面

surpass 超过

surplus 剩余

·super—超

superconductivity 超导

supersonic 超音速的

·tele—远

telephone 电话

telescope 望远镜

·tri—三

triangle 三角形

tricycle 三轮车

·ultra—超，极端

ultraviolet 紫外的

·un—不，未

unable 不能

uncommon 非凡的

·uni—单，一

unilateral 单方面的

·under—不足，在……下

underproduction 生产不足

underground 地下的

(2) 常用后缀

·—able 形容词的后缀，作“……的”解

countable 可数的

suitable 合适的

·—age 名词后缀，表示状态，行为或结果

storage 贮存

usage 使用，用法

·—al、—ia1 名词后缀，表示状态，行为或其结果

removal 移开

proposal 建议

·—ance、—ence、—ancy、—ency 名词后缀

importance 重要性

frequency 频率

·—ant、—ent 名词后缀

resultant 合力，生成物

constant 常数

·—ant、—ent 形容词后缀

important 重要的

different 不同的

·—er 表示“……人”、“……者”、工具、用品

reader 读者，阅读器

computer 计算者，计算机

·—fold 接在数词后面构成形容词或副词，表示“……倍”three-fold 三倍的

·—free 形容词后缀，表示“无……的”或“免于……的”

dutyfree 免税的

nuclearfree.zone 无核武器地区

·—ful 形容词后缀，表示“充满……的”、“有……的”

useful 有用的

successful 成功的

·—ic、—ical 形容词后缀

metallic 金属的

politic(a1) 政治的

·—ician 名词后缀，表示“……精通者”、“……家”

mathematician 数学家

technician 技师

·—ics 表示“……学”

electronics 电子学

physics 物理学

·—ify 动词后缀，表示“使……”“……化”

amplify 放大

classify 分类

·—sion、—tion 名词后缀

construction 建设

division 除法，区分

·—ish，形容词后缀，表示“略带……色的”

redish 略带红色的

·—ism 名词后缀，表示“……主义”

communism 共产主义

·—ist 名词后缀，表示“……者”

physicist 物理学家

scientist 科学工作者

·—ive 形容词后缀，表示“……的”

active 积极的

productive 有生产力的

·—ize(ise) 动词后缀，表示“……化”

mechanize 机械化

organize 组织

·—less 形容词后缀，表示“没有……的”

useless 无用的

limitless 无限的

·—logy 名词后缀，表示“……学”

geology 地质学

biology 生物学

·—ly 副词后缀 slowly 慢地

possibly 可能地

·—ment 名词后缀，表示行为、动作或其结果

movement 运动

development 发展

·—meter 名词后缀，表示“……仪”

thermometer 温度计

voltmeter 电压表

·—metry 名词后缀，表示“……测量”、“学”

geometry 几何学

trigometry 三角学

·—ness 名词后缀

hardness 硬度

usefulness 有用

·—or 名词后缀，表示人或物

operator 操作者

conductor 导体

·—proof 形容缀，表示“防……的”

waterproof 防水的

lightproof 不透光的

·—th 名词后缀，表示“……度”

length 长度

width 宽度

·—ty 名词后缀，表示性质、状态

density 密度

ability 能力

·—ward(s) 副词后缀，表示“向……”

forward(s) 向前

upward(s)，向上

·—y 形容词后缀，表示“有……的”

muddy 泥泞的

watery 多水的

(3) 注意事项。用构词法记忆英语单词时要注意以下两点：

·结合学习进程记忆这些前缀或后缀，用不着专门记忆。

·注意例外情况。例如一般情况下在形容词上加—ly 后缀后成为副词，即意义不变，由“……的”变成“……地”，例如形容词 slow 的意思为“慢的”，slowly 则为副词“慢地”。但是形容词 hard 的意思为“硬的，艰难的”，而 hardly 虽然是副词，其意义却为“几乎不”。

6. 联想记忆

有的心理学家认为，记忆的最基本的规律，就是对新的信息和已知的信息进行联想，也就是进行“联想记忆”。所谓“联想记忆”，是指把需要记忆的各种东西联系在一起，形成“记忆链”，只要能想起这个“记忆链”中一个环节的内容，就可以“顺藤摸瓜”，回想起其他环节的内容。应用“联想记忆”的方法记忆英语单词效果比较明显。方法是在记忆一个生词的拼写和释义，或一个词新的释义时与你已经熟悉的词语的拼写或释义联系起来，形成“记忆链”。因为这个“记忆链”中的有些内容是你所熟悉的，“捎带着”也就把新的生词或新的释义记住了，或需要时能回忆起来。也许有的人会认为“联想记忆”时还要记一些与“联系”有关的“额外信息”，不就增加了记忆的容量，不就更增加了记忆的困难吗？这种情况很像一个容量很大的仓库，如果存放在库里的各种物品杂乱无章，没有分类，虽然省了一些地方 (其实仓库还有很多的空地方没有用呢)，你要找某种东西时必须一个一个去翻，非常难找，而且还不一定能找到。相反，如果存放的东西是分类有序的，虽然多占了一些地方 (空着未用的地方有的是，不存在因为这样做而引起仓库面积不够的问题)，但需要时一找就能找到。我们脑子的情况与此非常相像，它有足够大的容量，在任何情况下都不存在记忆容量不够的问题，多记忆一些与“联想记忆”有关的数据并无困难。

联想记忆的途径很多，介绍各种联想记忆方法的书籍也很多。下面是笔者在学习英语过程中应用过的一些联想记忆方法。

(1) 把一个单词拆成几个单词，找出意义帮助记忆。例如 ambush(伏击) 可以分解成 am(是) 和 bush(灌木林)，记忆成“是 (am) 在灌木林 (bush) 处进行伏击的。”

又如 assassinate(暗杀) 这个字比较难记，我们可以把它分解成几个有意义的，而且又能连贯起来的英词单词：ass—ass—in-ate。ass 是毛驴的意思，in 是在里面，ate 是吃。这样，我们可以把这个词记忆成：“一头毛驴，又一头毛驴，在里面把人吃了”。

又如 candidate(候选人) 一词可以分解为 can(能够)、did(做) 和 ate(吃) 三个词，记忆成：“能做能吃的候选人”。

又如 calendar(日历) 这个词往往误拼成 calender(压延机)。只要记住：calendar(日历) 是管日子 (day) 和日期 (date) 的，在 day 和 date 这两个词里，都有 a，由此可以记住“日历”的英语是 calendar，而不是 calender。

又如 capsize(船倾覆) 一词可以分解为 cap(小帽子) 和 size(尺寸) 两个词，记忆成“轮船倾覆后沉没，只露出像‘小帽子’那样的一点‘尺寸’”。

又如 committee(委员会) 这个词，前面的 co 一般都能记住，问题是后面的两个 m、两个 t、两个 e 和一个 i 比较难记。由于英文字母 (1) 的意思是我，因此可以记成：在这个委员会 (committee) 里，只有我 (I) 一个人是男的 (或女的)。

又如 conscience(良心，道德心) 可以记忆成 con-science，后面的 science 是“科学”，也可以与“良心，道德心”联系起来，记成“科学要讲良心”。(注意：conscience 的发音与 science 完全不同，不要混淆。)

又如 euthanasia(安乐死) 这个词可分解成 eu-than-asia 三个部分，其中 eu 为“欧洲联盟 European Union 的缩写”或“欧洲 Europe 的前两个字母”，than 为“比”，asia 为“亚洲”。可以记成“在推行安乐死方面，欧洲联盟 (或欧洲) 比亚洲先走了一步”。

又如 fundamental 可以分解为 fund(资助)、a(一个) 和 mental(精神病患者)，记忆成：“fund(资助)”“a(一个)”“mental(精神病患者”)。

又如 hesitate(犹豫) 可以分解成 he sit ate。“他 (犹豫地) 坐下吃”。

又如 innocent(清白的，无罪的，无辜的) 可以分解成“in nocent”，记忆成

“因为是清白的，所以口袋里 (in) 没有一分 (no cent) 贪污来的钱。”

又如把 island(岛) 这个词分解成 is 和 land，记忆成：“岛 (island)”“是 (is)”“陆地 (1and)”。(注意：其中的 s 不发音。)

又如 marriage(结婚) 这个词中有 i 和 age，可以记忆成“我 (I) 已经到了 (或还没有到)“结婚 (marriage)”“年龄 (age)”。

又如把 surveillance(监督，监视) 分解成 sur(表面)、veil(面纱) 和 lance(长矛) 三个词后记忆成：“(监视) 表面 (盖有) 面纱的长矛”。

又如把 village(村庄) 分解成 villa(别墅) 和 age(年龄) 两个词，可以记成：“有年龄的别墅”。(由于英语单词中很少有两个 aa 连续出现的，所以此处重复利用了词中的字母 a 并不会引起混淆。)

(2) 物理形象记忆。形象记忆的效果很好，只要深入观察，总是可以找到一些形象的记忆窍门。例如 balloon(气球) 的拼写比较难，两个 l 两个 o，日子一久，就记不准了，不是少一个 l，就是少一个 o。这个词怎么记忆呢？你可以把两个 oo 想象成两个气球而两个 l 可以想象成两个挑气球的棍子。两个棍子挑着两个气球，不就记住了吗?

如果发音正确，balloon(气球) 这个词也可以这样记忆：“气球”是“球”(ball)，根据发音 (u：n)，后面一般情况下应该是 oon，因此其拼写为 balloon。又如 noodle(面条) 与 needle(针) 容易混淆。记的时候想一下“面条”是“圆”的，其形状像字母“O”，所以为 noodle；而“针”的一头是有“眼”的，其形状像字母“e”，所以为 needie。

又如 pine tree(松树) 可以与 pin(针) 联系起来记，因为松树的叶子像针一样。

又如 parallel(平行的) 一词中间有 ll，可记为：“中间有两条平行线”。

又如 racket(球拍) 与 rocket(火箭) 两个词有时容易混淆，可以这样来记忆和区分它们。火箭的形状是一个圆柱体，其横断面呈 O 型，故其拼写为 rocket；而球拍，不论是网球拍还是兵乓球拍，都有一个把手，拍子的形状很像字母 a，因而其拼写为 racket。

又如 satellite（卫星）这个词也比较难记，往往忘记有两个 l。如果把中间的两个 l 想象成卫星的发射轨道，卫星从这个发射轨道上升空就比较容易记住。

(3) 多词记忆法。有的时候记一个词不好记，多记忆几个词反而好记。例如：condemn(谴责)，最后的字母 n 不发音，不太容易记住是 m 结尾的还是 n 结尾的。但是如果再把这个词的名词 condetonation 记住而且能正确地读出来，那么很自然的就记住这个词是以 n 结尾的，而不是 m。由此也可捎带着记住 column(柱，纵队) 这个词。

又如 enterprise(企业) 和 merchandise(商品) 容易错成 enterprize 和 merchandize。这两个词的释义都与 business 一词有联系，而 business 一词里的字母全部是 s 而不是 z。

(4) 顺序记忆法。business 这个词，有时容易错记成 bussines 或 bussiness。但若按"先一个 s，后两个 s"记就比较容易记住，因为"一个、两个"符合自然顺序，不会忘记。

又如 Afghanistan(阿富汗) 一词中 fgh 三个字母是连着的，与字母表上的顺序一样，谁先谁后一目了然。

又如 queue(排队，排列) 一词的后面有两个排好队的 ue ue。

(5) 组成句子记忆。cache(地窖) 一词的发音和 cash(现金) 一词的发音完全一样，可以用下面的一句话去记忆：Hide cash in cache(把现金藏在地窖里)。

Campaign 可以用下面的一句话来记忆：A PAINful military camPAIgN is underway in a CAMP.(军营里正进行着一场痛苦的军事战役)。

MainTENance(维护) 这个词中的 TEN 可以记忆成下面的一句话：A dollar' s worth of main TENance may save you TEN dollars in repair later.(花一元钱维护，以后可节约 10 元钱的修理费)。

MisCELLaneous(混杂的)，是由各种各样的 CELL(单元) 组合起来的。

(6) 荒谬联想。荒谬联想记忆的效果很好。例如把 arable(可耕地) 与 Arab(阿拉伯) 联系起来，记成："阿拉伯"国家大多数在沙漠地区，但是却有很多"可耕地"。

又如 beef up(增强) 和 soup 即 (增加马力) 可以记成"吃了 (牛肉) 喝了 (汤) 以后身体就 (加强) 了，就 (增加了马力)"。

又如把 Cyprus(塞浦路斯) 与 cypress(柏树) 联系起来，可以记成："塞浦路斯”出“柏树”。

又如 diet 的意思是“饮食”，而 Diet 又作日本、丹麦等国的“国会”解。可以荒谬地认为：日本和丹麦等国的“国会 (议员)”需要“饮食”。

又如 evil(罪恶) 是 live(生活) 的倒写。可以记忆成：“(生活) 颠倒过来就是 (罪恶)”。

又如 gorilla(大猩猩) 一词的发音与 guerrilla(游击队) 完全一样，可记忆为：“大猩猩游击队”。

又如 mild(温和的) 与 wild(野的) 两个词在意义上是相反的，而字母 W 和 M 也是相反的，这样一联系就容易记住了。

又如 reconnaissance(侦察) 字母多达 14 个字母，其中的一个 i 和两个连续的 nn 和 ss 往往容易搞错，但是只要发音正确再加上以下记忆线索，即可准确记住：“我 (i) 反复 (re) 从北到南侦察了两遍 (nn 和 ss)，走过很长的 (dist)ance”。

又如不少人把 welcome 这个词错误地拼写为 wellcome，为了纠正，可以在脑子里记住以下潜台词：welcome 不是 well come(好来)。

又如在一部美国电影中，一个人指着 dog(狗) 说：“你们不要看不起它，它的反面是 god(上帝)”。

采用此法记忆单词时只要自己认为有助于记忆即可，并不一定要讲解给别人听，所以不要过分追求是不是合理。

(7) 利用词头的字母组成词以利记忆。例如无线电频率的区分，依次为 High Frequency(HF 高频)，Very High Frequency(VHF 甚高频)，Ultra High Frequency(UHF 特高频)，Super High Frequency(SHF 超高频)，Extremely High Frequency (EHF 极高频)。前面的 HighFrequency(HF 高频) 和 VeryHigh Frequency(VHF 甚高频) 还好记，后面的 Ultra(特)，Super(超)，Extremely(极)3 个词，到底哪个比哪个高，有时就记混了。但是如果把它们的第一个字母凑在一起，正好是一个英语单词 USE(用)，哪个比哪个高也就记住了。

7. 辨异记忆

在记忆英语单词过程中，常常发生不同词之间在形、音、意三个方面互相混淆的问题。之所以会混淆，一定存在某种容易使人迷惑的因素，利用这些因素，有意识地在形、音、意三方面进行比较辨异，在比较中识别英语单词，在比较中形成“记忆链”，非常有助于记忆。下面列举一些在记忆过程中碰到过的形、音、意辨异实例，目的在于介绍一种方法，读者并不需要照搬照套。每个人的具体情况不同，需要辨异的词也不同，只要自己在学习英语过程中曾经混淆过，就应该把它们记下来。由于辨异过程是针对自己错误的，因此非常有助于记忆。

(1) 拼写辨异。注意在排列需要辨异的单词时要尽量地形成一些有利于记忆的“环境因素”，以形成“记忆链”。以下是一些实例：

adapt(使适应)和adopt(采用，采纳)两个词，按字母的顺序，应该是adapt在adopt的前面。这样你就可以记成：先(使适应)了以后才(采用，采纳)。

又如kid(小孩子)、kit(套)、kite(风筝)3个词，按字母先后顺序可以记成：(小孩子)有(一套)(风筝)；又如clash(抵触、冲突)、crash(碰撞，倒下、坠毁)和crush(压碎、粉碎)等三个词经常容易混淆，可以根据这三个词的先后顺序，用以下记忆链记住它们：(在飞机上发生)“clash(冲突)”后飞机“crash坠毁”，摔在地上摔得“crush粉碎”。

又如carton(纸盒)与cartoon(卡通片)可以记成：A carton of cartoon.(一纸盒卡通片)。

又如custom(定做的)与costume(服装)，可以记成：A custom-made costume(一件定做的服装)。

又如gloomy(情绪低落的)和groom(新郎)，可以记成：a gloomy groom(一个情绪低落的新郎)。

又如daily(每天的，日报)、dairy(奶场，奶制品)和diary(日记)可以依次记成“每天吃奶制品写日记”又如diplomat(外交官)和diplomate(毕业文凭持有者)可以记成：外交官必须是文凭持有者(注意两者发音的区别)。

又如liter(升)、little(小的)、litter(乱丢)三个词不好分，可以用以下方法记忆：A liter of little stone Litered on the ground.(一升小石头乱丢在地上)。

又如对于state一词的多种意义可以从以下一句话进行记忆：A state of war was stated by the state council.(国务院宣布了战争状态。)

一般情况下，只要用心思索，总是可以找到一些有利于记忆的规律，但也不要为了要找到“记忆链”而绞尽脑汁，耗费过多的时间。

(2)ei 和 ie 的辨异。英语单词中的 ei 和 ie 是很容易混淆的，比方说 receive 有时会错成 recieve，foreign 有时又会错成 foriegn，如此等等。

根据一般的发音规则，e 和 i 两个字母出现在字母 c 后面时的组合为 ei，如 receive、conceive、receipt 等，发 a 的音时也为 ei，例如 neighbour 和 weight 等。其余情况一般为 ie，但要注意不符合以上发音规则的词，例如 counterfeit。

为了辨异，可以把 ei 和 ie 的词汇分类汇集起来加以记忆。如：

ei

receive，conceive，counterfeit，neighbour

ie

friend，believe，science

把 ei 的一些词串起来，记忆成：Conceive police inspected counterreit goods received by a foreign neighbour(想象警察检查了一个外国邻居收到的假冒产品)。

把 ie 的一些词串起来，记忆成：My friend believes science(我的朋友相信科学)。

(3)ant 和 ent，ance 和 ence 辨异。ant 和 ent，ance 和 ence 结尾的词容易互相混淆，为解决此问题，可以把自己碰到过的 ant 和 ent，ance 和 ence 结尾的词分类收集在一起，设法找出一个“记忆链”把它们串起来(即使是很勉强的，很荒谬的也可以。而且往往越荒谬越有助于记忆)。

例如：ant 和 ante 结尾的词

ent，和 ence 结尾的词

dance(跳舞)

rent(租金)

assistant(协助的)

correspondent(记者)

assistance(协助)

correspondence(通讯，报道)

attendance(参加)

evident(明显的)

important(重要的)

evidence(证据)

importance(重要)

independent(独立的)

circumstance(情况，环境)

independence(独立)

confident(有信心的)

confidence(信心)

ant 和 ante 结尾的词可以和 dance(跳舞)联系起来记忆。记忆成“(在)重要的 (important) 情况 (circumstance) 下，协助 (assistance) 参加 (attendance) 跳舞 (dance)”。因而是 important，而不是 importent，是 circumstance，而不是 circumstence，是 assistance 和 assistant，而不是 assistence 和 assistent。是 attendance 和 attendant，而不是 attendent 和 attendence，是 importance，而不是 importence。

ent 和 ence 结尾的词可以和 rent(租金)联系起来记。即：“独立的 (independent)”有“信心的 (confident)”“记者 (correspondent)”是“显然的 (evident)”付得起“租金 (rent)”的。因而是 independent 和 independence，而不是 independant 和 independance；是 confident 和 confidence，而不是 confidant 和 confidance；是 correspondent 和 correspondence，而不是 correspondance 和 correspondant；是 evident 和 evidence，而不是 evidant 和 evidance。

为了便于记忆，分类书写时要注意顺序，如 ei 和 ie，因为在字母表中 e 在 i 的前面，分类时就把 ei 排在 ie 的前面；同理，ant 和 ance 要排在 ent 和 ence 的前面。这样，只要记得(哪怕是模模糊糊的记得)某个词是在对照表的左边还是右边，就可以得知它应该是 ei 还是 ie，是 ant，ance 还是 ent 和 ence。

(4) 音辨异。英语中有不少词重音不同意味着是不同的词类，例如 import 一词，重音在后面一个音节上为名词，在前面音节上则为动词。这种区别还比较好办。有的词读音不同就意味着不同的意思，记忆时必须特别注意。例如：lives[laivz] 是名词 life 的复数，而 live[laiv] 是形容词(“活的，有生命力的”)，

live[liV] 是动词 (“活，生存”)；又如 corps(军团，军队) 的 ps 不发音，如果发出来就是 corpse(尸体)。

有时需要把拼写辨异与音辨异综合在一起记忆。例如：desert 一词重音在前面时作“沙漠”解，重音在后面时作“丢弃，开小差”解，所以记忆时需要进行音辨异，记成“(在) 沙漠开小差”; dessert(甜点心) 一词的重音也在后面，发音也与 desert 完全一样，所以需要拼写辨异，此时可与 sweet(甜的) 一词联系起来，记住多一个 s。

(5) 反复纠错强化记忆。发现自己在某个单词的形、音、义的某方面记忆有错以后，就要“罚”20 遍。例如发现把 environment 错记成了 enviroment 后，首先“罚”自己正确的拼写 20 遍，而且每写一遍都提醒自己一次：“这里有一个 no。这样做不但记忆效果很好，而且可以大大地提高对于差错拼写的敏感性。此外还应该把自己曾经混淆过的单词拼写单独整理，一有空就看看，以加深记忆。例如：

vehicle 不是 vihecle

environment 不是 enviroment

develop 不是 develope

separate 不是 seperate

pressure 不是 preasure

measure 不是 messure

government 不是 goverment，等等。

纠正错误语音时，应该一边大声地读正确的语音，一边在脑子里默念潜台词“这个词不读 ***”。

8. 整体记忆不规则变化与词组

许多人感到记忆英语词组比较困难，例如 give、in、up 等的意思都明白，但不一定知道 give in 的意思是“屈服、让步”，give up 的意思是“停止、抛弃”。如果整个词组作为一个“单词”去记，就比较容易，而且用的时候，也能作为一个整体去识别。

同时，也可以把动词或名词的不规则变化作为一个整体去记，例如 beat、beat、beaten 三个词一口气记下来，需要时也能不加思索地“脱口而出”。

如果能切实地按以上方法学习英语，不但会感到记忆单词是一个自然而然的过程，而且学到的英语知识扎实全面。

9. 熟悉的英语单词一时想不起怎么办

学过英语的人大概都有这样的经验；有时“想不起”某个会的英语单词。“想不起”的情况有两种。一种是明明是一个记得滚瓜烂熟、经常使用的词，但由于 TOT 现象而一时怎么都想不起来；另一种是曾经下过一番功夫，确实曾经记住过，但还没有熟到滚瓜烂熟的地步，因而想不起来。

由于 TOT 现象引起的“想不起”，可以从与这个词有关的其他线索入手去想，或者暂时放一放，转移一下注意力，想想别的事或先做别的题，稍后可能突然间会想起来。

对于由于不是很熟而一时想不起来的词，如果是考试，不许查词典，就应该积极回忆。首先是运用联系法，顺着各种联系线索进行回忆，例如：是在什么情况下学会的这个词？它经常与什么词联系在一起用？汉语的解释是什么？读音(全部或部分读音)是什么？它的同义词和反义词是什么？等等。经过这样的积极回想，大部分可以回想起来，而且每这样回想起来一次就加深一次记忆。如果不是考试，就应该立即查英汉词典、汉英词典、同义语和反义语词典等，以期得到解答，并在这一个过程中加深记忆。

第七章
增强记忆有方法

一、增强记忆力的一般方法

1. 他山之石，可以攻玉

与学习任何知识一样，学习几千年来前人总结的有关记忆的书本知识非常重要。这个问题我们可以从两个方面来看。从纵的人类发展过程看，有文字记载的历史已经好几千年了，而一个人一生只能学习和工作几十年，几十年与几千年相比，是很有限的；从横的看，当今全世界人口有超70亿，而单个的个人就是一个，一与70亿相比，更是很有限的了。所以必须重视学习书本知识，学习人类几千年、全世界几十亿人的经验。学习了有关书本上有关记忆的各种方法以后，就会开窍，就会入门，就会使自己脑子变得聪明起来，记忆力就会增强。不能什么事情都靠自己去总结，否则花了很大的力气，总结出来的东西还不一定如书本上的来得系统和理论化。例如记忆事物顺序时广泛采用的“挂钩法”，就是几千年前古罗马人发明的，不注意学习书本知识的现代人也不一定会用，一旦见到别人会用，还可能觉得新奇得很。这也许就是孔子所说的“终日不食，终夜不寝以思，无益，不如学也”的道理吧！

不少人从小学、中学到大学，学了各种各样的课程，可是从来没有系统地学过记忆方法，记忆潜力没有转化为现实的记忆力，不但学习期间因“记忆力差”而感到难以招架，而且可能终身受累。

有关记忆方面的书很多，根据自己的情况适当地阅读一些，一定会很有启发。只要按照各种记忆书籍介绍的方法，踏踏实实地一步一步照着去学，去练习，记忆力一定会有很大提高。如有的人认为自己的记忆力不好，要他们背记几百位圆周率，就认为根本不可能。但是在学习了本书介绍的记忆方法之后，不到一小时就能背出一百位圆周率。

在学习书本知识的同时还要留心学习周围群众创造出来的各种记忆方法和记忆窍门，在平常谈话或研究工作时如果发现别人对于一些数据很熟，就要向他们请教，看看他们是怎样把这些数据记忆在脑子里的。

二、勤学加苦练

没有一种不经过努力就能提高记忆力的方法，要想增强记忆力，就必须勤学苦练，多记多背。如同经常进行体育锻炼有益于身体的健康一样，经常不断地动脑筋和记忆背诵一些东西有利于提高和保持脑子的记忆力。脑子是越用越好用，越用越灵的。

对于工作、生活和学习中经常用到的重要内容要经常复习，要善于利用坐车、等车、饭前、饭后、就寝前等零碎时间不断重复，使之熟到能“脱口而出”的程度。

对于某一种记忆方法掌握程度可以分为“会”、“熟”、“化”三个层次。看了书籍上介绍的记忆方法以后，了解了它的要领，算是“会”；此后不断练习，就可以进步到能因地制宜应用的“熟练”程度；随后再不断应用，就能到达“信手拈来”的“化”的程度，并能把各种记忆方法综合在一起。

只有对所记的内容熟到能“脱口而出，信手拈来”以后，才有可能明察秋毫，才能注意到细节，才能找到特殊的记忆窍门。

为了锻炼记忆力，可以经常背记自己感兴趣的语文和外语，也可以背记一些看起来似乎枯燥无味的数字串，例如圆周率一类的东西。

经常背记就能增加背记的能力，形成一种习惯，进而会对背记发生浓厚的兴趣，碰到一些新的东西就会自然而然地想办法记住它。

“运用之妙，存乎一心”。学习各种记忆方法的关键在于多练习，并在练习的基础上灵活运用。听别人讲或看别人写的书，似乎头头是道，似乎自己也明白了，但不一定会用。要真正会用，必须要练习，而且是不断地练习，不要以懂得一点皮毛为满足。在学习各种记忆方法时，对于同样的一个记忆内容，就要反复地用各种不同的方法去找记忆的窍门（实际使用时只要用一种方法记住就行了，不一定用各种记忆方法去记，弄得不好还可能记混了）。通过这样练习，才能体会某一种方法的实质。学习不是一件容易的事，应用更加不容易。

三、目标明确决心大

正常人记忆力的潜力很大，但是没有明确的目标和一定的压力去调动记忆者的主观能动性，潜在的记忆力就不可能发挥出来。在记忆某一内容之前就认为自己记忆力差，记不住，因而降低了目标的人，一下子把潜在的记忆力封住了，根本谈不上发挥。与此相反，在记忆某一内容之前，对自己的记忆力充满信心，有明确的目标，又能对自己施加一定压力的人，都能达到目标。因为有了明确的目标和一定要记住的决心以后，精神才会振奋起来，脑细胞的活动才会积极起来，才会集中自己的注意力于所要记忆的对象。如果在开始记忆某一内容时就自悲地认为“记忆力差，记不住”的话，不但脑细胞的活动会受到抑制，记忆力会变得迟钝，而且必然在记忆的时候心不在焉，虽然看着或听着所要记忆的内容，但心里却想着别的什么事。在这种情况下怎么能记得住呢？有的人虽然还不到心不在焉的程度，但是记忆时漫无目的，记到哪儿算哪儿，没有一个明确的目标，效果也是不好的。

给自己规定完成某一项记忆任务的时限是自我施加压力的一种好方法。有了时限，精神就会振奋起来，记忆效果必然好。

司机和乘客认路能力的差异也能说明压力对于记忆的作用。为什么所有的司机都有很强的认路能力，从来没有去过的地方，只要跑一趟就能记住路，而一般坐车的乘客却不行，有的甚至跑了好几趟也记不住。难道挑选司机时进行过记路能力的考核吗？或者所有的司机生来就具有很强的记路能力吗？不是的。原因有两个：首先是责任在身，不记住不行，因而注意力集中。而乘车的人则无所谓，记住更好，记不住也没有关系，因而心不在焉，记忆力比司机好也不一定能记住。其次是司机们在实践中积累了一套记路的方法，例如记拐弯点的标志等。

据报载，第二次世界大战时美国兵空降德国前突击训练说德语的效果特别好，究其原因也是在于有压力，因为不会说德语的人空降后一下子就会被德国人识破，就要被俘，所以临战前训练时都很用心，结果所有的人都学会了。

四、兴趣是最好的老师

大家都有这样的经验，如果漫不经心，一件事情即使重复好几遍也不一定能记住。相反，如果有兴趣，有好奇心，可能一次就记住了。

任何人都能对自己感兴趣的事情表现出非凡的记忆力。我们常常会碰到一些人，学习英语时单词记不住，似乎记忆力比较差，可是在别的方面却又表现出惊人的记忆力。例如有的人对运动感兴趣，看电视实况转播时，只要听一遍解说员的介绍或者看一遍字幕，他们就能准确地记住运动员的名字。在比赛进行过程中，看着运动员身上的号码就能说出相应的名字，而这些人的名字读起来很像英语单词。由此可见，他们的脑子并不笨，记忆力并不差，对外语的反应也不迟钝，只不过对学习英语缺乏兴趣和好奇心罢了。有的人恐怕不光是没有好奇心和兴趣的问题，他们甚至厌恶和恐惧英语学习，一听到或看到英语就头痛，那就更谈不上兴趣和记忆了。

有的人只有三四十岁，就认为自己“年纪大了，记忆力差”。心理学家认为：一些中年人的所谓“记忆力差”，与其说是由于生理上的衰退，不如说是失去兴趣和好奇心所致。有关研究表明，人一生中各个年龄阶段，脑神经细胞均可生长发育，即使步入老年阶段也不例外。只要不断地供给大脑以新的信息，人的脑神经细胞仍可以不断地发育。

有了浓厚的兴趣和好奇心，就不会把记忆看成是枯燥无味的一种负担了，而会感到是一种很好的享受和业余消遣，别有一番乐趣，而且越记越想记。对于记忆方法和各种窍门也会越来越敏感，看到听到就能做出相应的反应，并从中吸取有用的东西。

由此可见：对于智力发育正常的人来说，对所要记忆的东西有多高的兴趣和怀有多大的好奇心，就会表现出多强的记忆力。

五、集中注意力

人们经常说盲人和残疾人比较聪明，记忆力好。为什么呢？主要是因为他们失明或伤残了以后，看不见了或活动的范围受到了限制，分心的事少，因而能集中注意力于听觉和对听到内容的加工整理方面，记忆力必然比正常的人要强。

不集中注意力，再聪明的人也不一定能记住很多内容，漫不经心是记不住东西的。很多人“记忆力差”的原因非常简单，就是没有用心去记。例如每天上下楼梯，不知道走了几百遍，几千遍，但如果不用心，就不一定知道一共有多少级，如果用心计数，只要走一遍就可以知道有多少级。由此可见注意力集中与否对记忆的重要性。

集中注意力，就要把记忆某一项内容作为一件事情来办，例如到了一个新单位记人名，碰到人就要问对方叫什么名字、干什么工作、学历情况、工作经历和亲属情况等，并且尽量记住。

在集中注意力的同时还要积极思维，对于记忆的内容要多想想有什么特点和记忆线索，以便在脑子中留下深刻的印象。

对于智力发育正常的人来说，能集中多大的注意力于所要记忆的东西，就会表现出有多大的记忆力；对于某一个问题的研究有多深入，在别人看来就有多聪明。

这种情况很像光线通过平面镜、凹透镜和凸透镜后对镜子后面纸产生的三种截然不同的结果。有的人对待记忆问题，既不是很分心，也不是特别的专心，记住多少算多少，完全处于自发状态，就好像是平行光线通过平面镜。把纸放在平面镜后面，即使是阳光十分充足，花费再长的时间，顶多是把镜子后面的纸晒热而已，但绝不可能烧起来，即不会起质的变化。有的人对待记忆非常专心，能集中注意力于所要记忆的事物，研究其特征和记忆的要领。这样的人就相当于凸透镜，能聚焦，能把多束光线的能量聚合于一点，使镜子后面的纸烧起来，即发生质的区别。如果在记忆时三心二意，则相当于是凹透镜，使进来的光线向更大的范围散开，镜子后面感觉不到有什么热量，更谈不上什么质的变化了。进来的平行光线意味着什么？意味着时间，意味着自己头脑里的各种知识，意味着众人的智慧，等等。通过透镜，把可以利用的时间都利用起来去背记某一项内容；通过透镜，把自己所具有的各种知识都用来研究某一项内容的记忆规律和记忆窍门；通过透镜，把众人在记忆方面的智慧集中起来，以提高自己的记忆力。

六、联想记忆

有的心理学家认为，记忆的最基本规律，就是把新的信息和已知的信息进行联想。由信息论的原理可知，互相有联想的事件之间有相关性，知道了其中的一个就可以推导出另外一个。把这个原理应用到记忆上就是联想，把需要记忆的内容与已经记住了的内容联想起来。能不能在看起来似乎没有什么联想的事物之间建立起某种联想呢？回答是肯定的。有关研究表明，任何一个事物都和平均 10 个左右的其他事物直接相联想，经过 4 ~ 5 次“中介”以后，该事物即可与 10 万个左右的其他事物相联系。所以任何两个互不相关的事物经过若干个“中介”以后都是可以联想在一起的。

由联想形成的记忆称为“联想记忆”，把各种事情联想在一起的思路称为“记忆链”。只要能想起这个“记忆链”中一个环节的内容，就可以“顺藤摸瓜”，回想起其他环节的内容。一般人可能都有这样的体会：要办一件事，但忘记了，怎么也想不起来，突然在某种情况下“触景生情”（听到了或看到了与这件事有联想的信息），就会清楚地回忆起来了，这就是“联想记忆”。

形成联想记忆的方式有两大类：一是自然联想，一是荒谬联想。

(1) 自然联想。所谓自然联想，是指事物之间在时间、空间、条件、因果、特征（本质特征或表面特征）诸方面自然存在的、客观存在的联想。

事物在时间上互相联想是指在时间上同时或先后依次发生，例如：1840

年第一次鸦片战争——1911 辛亥革命——1937 年抗日战争爆发——1945 年抗日战争胜利——1949 中华人民共和国成立。

事物在空间上互相联想是指在同地点或相邻的地点发生。例如：想到西汉定都长安（西安）时，就会想起同是定都西安的唐朝和在西安附近咸阳建都的秦朝。

空间上和时间上的联想是经常混合在一起的。例如两位分别多年的老同学相聚畅谈当年在校的情况时，其他同学的名字和音容笑貌以及各种有趣的事情都会一齐浮现在脑海里。

在条件上互相联想：例如一想到第三世界，就可以把中国和非洲的任何一个国家联想起来。

许多事物之间的因果关系有利于记忆，例如一看到足球实况转播就会想到卫星和发射火箭等。

特征上互相联想是指不同事物在本质特征或表面特征上或相似、或相同、或相斥、或互相矛盾。

(2) 荒谬联想。荒谬联想就是非自然的、不是客观存在的联想。例如把铅笔荒谬地认为是撑杆跳高用的撑杆、把自己想象成是一个能做高难动作的杂技演员、一步登上月球，等等。进行荒谬联想时应注意以下几点：

——夸张：把需要记忆的东西进行夸张，或缩小，或放大，或增多，或减少，或加粗，或变细，等等。

——谬化：想象得越荒谬、越离奇、越可笑，印象就越深，记得就越牢。

——尽量使想象出来的东西有节奏地动起来，因为有节奏的、动着的东西在脑子留下的记忆比静止的或没有节奏的东西深刻。

(3) 记忆链。把两个以上的事情用联想记忆的方法串起来形成的记忆思路称为“记忆链”。例如，中学语文里收入鲁迅写的文章有《狂人日记》《孔乙己》《一件小事》《故乡》《社戏》等篇，不太容易记住，但是编成下面的记忆链，就很容易记住：《狂人日记》写的是《孔乙己》，他做了《一件小事》，回到《故乡》，看了一场《社戏》。

又如，上街办如下几件事：

买乒乓球、钢笔、袜子、收音机、肥皂、电子表、给父母拍电报……

可以设想以下记忆链：设想自己是一个爱好打乒乓球的人，要去买“乒乓球”准备组织一场比赛→商店里缺货，店主拿出“钢笔”让自己往缺货本上登记→“钢笔”漏水，一滴墨水滴在自己新买的一双名牌“袜子”上→正在发愁怎么把墨水洗掉时，“收音机”传来了某工厂正在有奖推销一种能洗掉墨水的特制“肥皂”，奖品为“电子表”，该工厂正好位于父母亲所在的城市→立即“给父母拍电报”，请他们速购一块……

设计“记忆链”时离不开想象，丰富的想象力是良好记忆力的基础。想象得越生动，记忆越容易，越牢固。

联想面的广度与一个人的阅历和知识面有关系，但是只要开动脑筋，即使是沿着某一个很狭窄的题材范围进行联想，也有可能得到丰富多彩的结果，正如“智者千虑，必有一失”一样，“愚者千虑，必有一得”，而且这“一得”很可能使很多“智者”感叹不已。

不要被“阅历浅、知识面狭窄，联想不了”一类的消极思想压住自己的想象力。留心处处皆窍门，任何一个智力正常人脑子里现有的知识足以进行海阔天空的想象和发挥。例如漫画家方成在看到一张照片里三个儿子和其妻子时说：“2227，儿、儿、儿、妻，我家的电话号码。”多么风趣和巧妙！

(4) 记忆挂钩。用“记忆链”或“记忆环”的方法，能顺着“链”，一个环节接着一个环节地回忆出每一个事物，但是并不注意记住事物的序号。如果要求记忆的事物有一定的顺序要求，就应该采用“挂钩法”。

所谓“挂钩法”就是把 1.2.3.4.5 等数字“拟事化”为某些记忆深刻的事物，作为“挂钩”，然后再把需要记住顺序的事物逐个对号入座，挂在“挂钩”上，回忆时只要一想起是什么事物，立即能想起挂在第几号“挂钩”上。

在第四章有关数字串“拟人化”和“拟事化”一节中介绍了很多与数字相像的事物，为了不混淆和能很快地回想起来，可以采用下列最直观和最形似的“事物”：

1 像棍棒、铅笔

2 像小鸭子、木工折叠尺

3 像耳朵、花生壳

4 像尖刀、帆船

5 像秤钩、镰刀

6 像勺、铁铣

7 像锄头

8 像眼镜、带壳花生

9 像锤子

0 像花生米、眼镜片

下面是一个应用实例。需要记忆的有序事物和“挂钩”的对应关系如下：

序号事物对应的“挂钩”

1 轮胎棍棒

2 水龙头小鸭子

3 桥墩耳朵

4 帆船饭勺

5 雨伞秤钩

6 铁铣水泥

7 锄头木板

8 眼镜名片

9 锤子苹果

0 日记本花生米

怎样把需要记忆的事物往“挂钩”上挂呢？可以采用前面介绍过的“联想记忆”。当然有的联想可能是合乎逻辑的，有的则可能是荒谬的，例如：

1 两个人用一根“棍棒”抬着一个“轮胎”或一个人用一根“棍棒”挑着一对“轮胎”

2 打开“水龙头”放水到一个盆里供“小鸭子”游泳

3 把“耳朵”贴在铁路桥的“桥墩”上，听听有没有火车开过来

4 用一个巨大的“饭勺”做“帆船”的桅杆

5 用“雨伞”的弯把代替“秤钩”

6 用“铁铣”装“水泥”

7 用“锄头”挖地基，准备盖一个“木板”房

8 戴着“眼镜”看“名片”

9 用“锤子”把“苹果”砸成“苹果泥”

0 嘴里一边吃着“花生米”，一边往“日记本”上写日记

把这样的对应关系在脑子里重复几遍以后，应用时能很快说出某一件事物的序号。

如果需要记忆顺序的内容多于 10 个，可以采用“异地”挂钩法，即所用的带有序号的“挂钩”名称不变，但是把它们设置在不同的地方。假定需要 20 个挂钩，可以把前 10 个挂钩设置在国内，后 20 个挂钩设置在国外。由于一般人的口头语都说“国内外”，也即都是先国内后国外，因此不会混淆。如果需要的挂钩超过 20 个，则可以把第 1 到第 10 个设置在国内，第 11 到第 20 个设置在亚洲（比方说在日本），第 21 到第 30 个设置在非洲（比方说在埃及），第 31 到第 40 个设置在拉丁美洲（比方说在巴拿马），第 41 到第 50 个设置在欧洲（比方说在英国），第 51 到第 60 个设置在北美洲（比方说在美国），如此等等。这个顺序符合人们的口头语“亚、非、拉、欧、美”的顺序，所以也不会混淆。

也许有人会说，今天已经有了像电脑这样神奇的“烂”笔头，需要记忆的事情再多，互相之间再没有联想，只要把它们用“烂”笔头记载下来就行了，何必费这么大的劲去学习“记忆链”等一类方法呢？是的，正如“充分发挥‘烂’笔头的作用”一章所要讨论的，作者是主张记事本随身带的，即使只有一件要办的事，也要清清楚楚地写在记事本上。这样，记忆力再差的人也能把该办的事情办了。

既然这样，还有必要学习“记忆链”等一类方法吗？有必要，这两者之间的关系很像体育锻炼时练长跑，而实际办事时却乘现代化交通工具。通过练长跑，增强了体质，才能精神饱满地进行工作和学习；通过练长跑，具备了长距离行走的能力，必要时（在没有现代化交通工具的地方，或者现代化交通工具有了故障不能运转等）才能到达目的地。练习“记忆链”一类记忆方法，有利于人脑智力的开发和锻炼，其作用会在别的脑力活动中表现出来，在不能用“烂”笔头的时候（身边没有“烂”笔头和虽有但来不及记载等），也能把需要记忆的事情记住。

有的人对应用联想记忆法缺乏信心，认为自己知识面窄，生活阅历少，没有足够的联想余地。其实任何一个智力正常的人的联想余地都是无穷的，关键在于是不是掌握了联想的方法与开动了脑筋。例如笔者辅导过一些学前儿童背记圆周率，他们创造出了一些以儿童生活与语言为基础的顺口溜，很快记住了 500 位。

七、与被记忆信息属性挂钩

对于记忆的基本要求有三个方面，即记得快、记得牢、记得准。有的记忆方法能解决“记得快”和“记得牢”的问题，但是解决不了“记得准”的问题。例如记忆电话号码 811599，采用谐音法，其谐音即为：“不要要我舅舅”，很上口，因而很快可以记住，而且记得很牢，能一个号码不错地重复出来。如果在记住“不要要我舅舅”这句谐音语的同时不与被记忆信息的属性挂上钩的话，过不了多长时间，虽然脑子里有个很上口的“不要要我舅舅 (811599)”的电话号码，但是却可能想不起来这个号码是谁的。很显然，这样的记忆是没有什么实际用途的。所以在解决“记得快”和“记得牢”的同时，还要解决“记得准”的问题，与被记信息的属性挂钩进行记忆是解决“记得准”问题的最好方法。

这里所说的被记信息的属性，是广义的。世界上各种事物都是互相联系的，只要充分发挥自己丰富的想象力，海阔天空，异想天开地去想的话，几乎都有可能与被记信息的属性挂上钩，只不过有的合乎逻辑，有的不太合乎逻辑罢了。读者在看完本书有关圆周率一节以后一定会坚信这一点。与被记信息的属性挂钩的方法详见第四章“数字串的记忆”一节。例如，在记忆“不要要我舅舅 (811599)”的同时努力寻找该电话号码的主人与自己舅舅的异同点，从而在脑子里烙上一个“是要某某人，不要要我舅舅”的思维过程，就记得准了。

八、辨异记忆

联想记忆能记住和回忆起信息的大概情况，但不一定能准确地记住和回忆起信息的每一个细节，而有的细节往往是某一个事物区别于另一个事物的关键所在。要记得准，就要把容易混淆的事物细节放在一起进行对比，找出每个事物的特殊点，从这些特殊点入手去记忆，这种记忆方法就是辨异记忆。例如自己的“己”，已经的“已”和干支次序表中的“巳”，三个字不太容易区分。仔细观察辨异以后，可以用不封口为“己”，半封口为“已”，全封口为“巳”来记忆。

又如：戊 (Wu) 戌 (Xu) 戎 (Rong)，从形状上看，没有一横是“戊”，短横不出框是“戌”，出框是“戎”，也可以从历史上有名的“戊戌政变”去记忆。

英语单词中拼写相同但读音和意义不同的单词很多，拼写大体相同的单词就更多了，学习时稍不注意就会混淆，采用辨异记忆则可以有效地解决这个问题。

通过差错进行记忆是辨异记忆的一个形式，人们在记忆过程中，总免不了有记错的时候，把错误的信息和正确的信息放在一起进行对比，会在脑子中留下很深的印象。例如把英语单词 satellite 记成了 satelite，少了一个 L，发现以后就应该一边读（或写）正确的拼写，一边在嘴里念着（或在脑子里默读）“不是一个 L，是两个 L”。如此连续不断重复纠正十几次以后，就可以在脑子里留下深刻的印象，以后每当碰到这个词时，“两个 L”这个形象立即会浮现在脑海里，再也不会只写一个 L 了。

记忆英语单词的语音也是一样，发现读音有差错时要大声地朗读正确的读音十几遍，并且每读一次正确的音就否定一次原先错误的读音，以便在脑子里留下深刻的印象，做到一读就对。

九、抽象内容形象化

人脑有丰富的想象力，可以把抽象的事物形象化，而形象化的内容很有利于记忆。利用谐音法记忆数字时也要尽量使之形象化，例如用“谐音法”把圆周率小数点后面的100位编成顺口溜，一个小时内就可以记住。

十、多个官能并用

外界的现象通过人的眼、耳、鼻、舌、身这五个官能反映到脑子里，形成了视觉记忆、听觉记忆和运动记忆等不同的记忆类型，各有各的特点，我们在识记各种事物过程中，要多个官能并用，不可偏废。

人们在回忆印象深刻的往事时，常常会觉得一幕幕情景“历历在目”，这就是视觉记忆的作用结果。就拿学习英语来说吧，不出声地默读几遍课文以后，对于每一个英语单词，总会在脑子里留下一些视觉记忆：这个词大体上在课文的哪个部位，在词汇表的前部、中部还是后部，后面的汉字解释有几个等等。如果反复地边听录音边看书或边默写录音内容，熟练到一定程度以后，每当听到英语声音时，脑子里就会浮现出一行行英语文章，阅读文章时，耳边就会回响起相应的声音，这就是视觉记忆和听觉记忆联合作用的结果。

通过对动作和技能的反复练习，可以形成运动记忆。运动记忆比较牢固，遗忘得比较慢，有的甚至终生不忘。例如小的时候学会了游泳和骑自行车，即使几年十几年不游不骑也不会忘记，只是熟练程度上有些区别而已。

在一定发展阶段上，不同人的各种记忆能力是不一样的，某一种记忆能力可能比较发达和敏感，另一种可能不太发达和敏感。任何一种记忆能力都是越用越发达，越用越敏感。例如中学生做平面几何题，刚开始学的时候，必须边看题边在纸上绘出图，眼睛盯住图翻来复去地画呀画，才能把题解开，离开图就寸步难行。也就是说，此时对于图形的识记能力很弱。通过不断地练习，由不习惯到习惯，由想象不出来到能想象出来，慢慢地在脑子里就有“图”了，可以做盲题了。

视觉器官是用来识别物理形象的，能识别三维空间，能识别前后左右。人脑对于形象的识别和记忆功能很强，甚至可以说，“一眼看透”和“过目不忘”。我们充分利用人脑的这种特性，把需要记忆的内容按有利于视觉记忆的顺序排列起来，可以大大地提高记忆效果。下面以记忆100位圆周率来说明这一点。

如果把圆周率书写成如下所示的没有间隔的长长的数据串：

3.14159265358979323846264338327950288419716939937

5105820974944592307816406286208998628034825342117

0679……

这样的数据串，给人的第一个印象是杂乱无章，在背记的过程中往往不知道背到了第几位，所以背上几次也就失去了记忆的兴趣和信心，即使一时勉强死记住了十几位几十位，能书写或背诵出来，但是不是正确，往往也没有确切的把握。

如果把它按照一定的格式书写，使之能分出前后左右来，就会有很多利于记忆的线索。例如每五位为一组，每组之间留一个空格，每四组一行的话，给人的印象就是一个先后有序，能分左右的有某种规律的数据了，记忆时能很准确地记住某一组数是第几组，它的上下左右是什么。正是因为这样，才有可能找出各种有利于记忆的“规律”，才有可能倒背如流。

为什么会有这样明显的记忆效果呢？这是因为：

(1) 这样做充分发挥视觉官能的作用。把数据写成行列式或矩阵的形式以后，目光所及，上下左右几十位数尽收眼底，获取的信息量不是一长串前后左右分不清的一堆数列所能比拟的。

(2) 前后左右分明以后，才有可能进行对比，找出规律和有助于记忆的暗示因素。如某一行某一列开始或结尾的数字是什么，相邻数有什么规律，等等。抓住了这些信息，就能把它们的位置固定下来。

(3) 把原来很长的数据串分割成短数据串，利于各个歼灭。还可能在记忆过程中，先记住后面好记的数字串，再去记前面难记的。

十一、归纳和总结

归纳与总结的过程就是寻找记忆对象规律的过程。规律是事物本质的东西。找到了规律，就把干扰记忆的“垃圾”都去掉了，从而减少需要记忆的数量。人们在记忆的实践中常常有这样的体会：在刚开始接触某一需要记忆的内容时，觉得需要记忆的信息量很大，一旦把本质抓住以后，似乎很简单，就是那么几条。

用心寻找记忆对象的规律非常有助于记忆。因为在用心寻找记忆对象的规律过程中不断地与记忆对象接触，这本身就是一个反复的复习过程，不知不觉地加深了记忆。一旦找到的规律，就是找到了各种记忆对象之间的联想，便于举一反三，利于记忆。

也许有的人认为花这么多时间去寻找规律，还不如直接去记忆的效果好。其实不然。

要想找出规律，就要对被记忆的信息进行分类整理，进行归纳和总结。把那些看起来是无序的记忆对象加工改造成有序的，把无理的加工改造成有理的，把无节奏的加工改造成有节奏的，把无形象的加工改造成有形象的。经过整理的信息就好像是成串的葡萄，需要的时候一提就是一大串，而没有经过加工的信息就好像是一盆一粒一粒的葡萄珠，互相之间没有有机的联想，需要用的时候只能一粒粒地提取，不但速度缓慢，而且必然丢三落四。

能不能找出规律的关键在于“多思”，俗话说“多思出智慧”，对于任何一个看起来似乎没有什么规律可寻的内容，只要用心去“多思”，就一定能找到有助于记忆的规律。古今中外此类例子很多，例如门捷列夫找到看起来似乎杂乱无章的化学元素周期表，王永民在分析成千上万汉字笔划的基础上发明了五笔字型汉字输入法等。

人脑记忆事物的方式与电脑不同。在电脑里，各种信息是孤立地存储着的，而在人脑中，记住的各种信息以独特的方式互相联想着，例如往往在记住某一重要信息的同时，有意或无意中也记住了与重要信息同时发生的一些不重要的信息(甚至是微不足道的信息)。又如谁在场、说了一句什么话和当时当地的一些背景细节，等等。而且人们事后回忆重要信息时，首先出现在脑海里的也往往可能是这些似乎微不足道的信息。“内行看门道，外行看热闹”。经过一段时间的训练，总结归纳和找规律的能力会得到提高，会成为内行，能从外行很难找到记忆规律的信息中很快找到很有道理的记忆规律和记忆窍门。总结和归纳时最好能动笔写，而不要只用脑子想。因为只有写在纸上，才会澄清一些似是而非或互相矛盾的东西。有不少东西，光在脑子里想，似乎觉得头头是道，没有什么不合适的地方，但是一写在纸上，就能发现不严密和不确切之处。写出来以后，要尽量向周围的人讲解并展开讨论。讲解有助于检查归纳出来的东西是否能自圆其说，是否能令别人信服。人们都有这样的体会，听别人讲解某一内容，似乎听懂了，但自己却不能把“听懂”的内容复述出来。所以能不能使别人听懂自己的讲解是衡量讲解者是否懂得透彻的一个标志。而不同意见的交流非常有助于澄清模糊认识，形成明确的概念。

十二、培养机械记忆能力

记忆一些新的信息时能找出规律更好，找不出也不一定非找不可。从记忆的整个过程看，在开始的时候用各种各样的方法(尤其是运用联想记忆法)记住了，慢慢地记熟了，最后似乎把记忆的方法忘记了，好像是机械记忆一样。例如小学生记忆“九九八十一”这句口诀，刚开始时会想起老师的解释“乘法是加法的快速运算，九个九加在一起是八十一，所以九九八十一”，后来背熟了，能下意识地“脱口而出”，而不再去想它是怎么来的，乘法慢慢地脱离加法了。应该说，这种脱离是思维上的一次优化和飞跃，免除了每次思维都要从原点开始的繁琐过程。

培养机械记忆能力的最好途径就是背记圆周率。它是一个无理数，是一个无限不循环的数，前后数字串之间没有相似之处，除了用心寻找并人为地赋予一些记忆线索外，不得不依靠机械记忆。因为无限不循环，想背记多少位有多少位，能不断地吸引你去背记。

不要小看机械记忆的威力，据报载，1991 年在伦敦举行第一次世界记忆大赛上夺魁的 34 岁的英国人奥布奈恩用机械记忆和图象记忆的方法，只用了 2 分 29 秒便记住了一副扑克牌的顺序。他自己认为他的这种记忆能力是锻炼出来的，他说："我的记性并不好，至今汽车钥匙找不到的事仍时有发生，只不过我在强记扑克牌顺序方面努力锻炼罢了。"

第八章

器官焕发快捷记忆的光彩

感觉器官是人们获得记忆的物质基础，通过感觉器官，我们获得了对周围客观世界的认识，能焕发出快捷记忆的光彩。

视觉、听觉、嗅觉、味觉、触觉等统称为感觉，它们在识记中起着极为重要的作用。先天的盲人决不能有春天景色的印象，先天的聋人决不能有优美音乐的记忆。我们能闻到煎鱼的香味，那是嗅觉的记忆，我们能尝到梅子的酸味，那是味觉的记忆；我们能摸到丝绸的柔软，那是触觉的记忆。若没有感觉器官，我们会对世界一无所知。一个人对世界感觉得越多，他的记忆越丰富多彩。

既然感觉器官是知识输入大脑的重要途径，那么我们就应该充分发挥各种感觉器官的作用，让它们接收新的知识，为自己的“仓库”储备更多的内容。本篇向您介绍的就是运用各种器官增进记忆的方法，学习后，您会更牢固地掌握记忆的主动权，进行轻松愉快的记忆。

一、凭听觉，交谈争论更易记

最近，我一个人看了一场电影《卧虎藏龙》，可是不出两个月的时间，却觉得情节模模糊糊记不准了，人名也都忘了。细想一下原因，主要因为在看过影片之后，没人问我影片的大意，使我缺少了一个提取储存印象的机会。可是回忆起四年前看过的电影《黑侠》，其中的主要情节却历历在目，那时我住宿舍，我们八个人同看电影，回来总要议论一番，有的人学某角色的动作，有的人哼一段电影插曲，有的人重复他最喜欢的那段情节，有的争辩时间、地点、人名，由于人们的注意不同，互相议论影片的过程就弥补了个人记忆的不足。正是由于大家互相议论、交谈才使我印象深刻，对四年前看的电影仍然能回忆起来。

交谈、争论为什么能增进记忆呢！对于有关问题引起争论的时候，一般人总是竭力证明自己对，这时的大脑思维处于积极状态，争论越激烈，就越促使他认真回忆识记过的材料，这样，在争论的过程中，双方都加深了印象，错误的得到了纠正，正确的得到了承认，记忆得到了巩固。一次，几个同学在一起谈论珠穆朗玛峰的高度，一个人说是 8882 米，一个则说是 8848 米，到底哪个对呢？前者说是从书上看到的数据，后者说那是以前的数据，现在，经过科学家们的精密计算，已经以 8848 米为准了。经过交谈，大家都记住了珠穆朗玛峰的准确高度了。交谈争论某个问题，等于一边在提取记忆，一边在检查记忆的准确性。如果没有参加小组学习，需要记忆的作业多数是独自完成的，没有提取训练的过程，模糊的会越来越模糊，当时清楚的也没有议论之后的知识储存的时间长。凡是争论、交谈过的事很容易记忆，集思广益、兼收并蓄，能互相弥补记忆程度的不足。加里宁曾在《论共产主义教育》这本书里谈到，“当你们独自阅读时，你们只了解到一面，即令了解三面，还是没有了解到第四面。最后把四面全都了解了。可是哪知这东西不是平面，而是一个立方体，总共有六面。所以同别人一起讨论，能把思想磨炼深刻，能使思想丰富起来。”

个人的知识面总是有限的。“智者千虑，必有一失，愚者千虑，必有一得。”人们记忆的东西，因为注意力不同，观察问题的角度不同，有的地方就非常清楚，有的地方就模模糊糊。群体总比个体的力量大，“三个臭皮匠，顶个诸葛亮”。即使您记得准确的知识，与人交谈争论也会延长储存期。

由于自尊心的缘故，人们总是羞于承认自己的无知，为了防备别人询问时答不上来，自己也得多学一点，所以，互相询问、交谈争论也会促使您努力记忆更多的知识，起码有“怕被人问住”“争论起来，我得有理有据保证自己正确，不能甘拜下风”的心理。相互交谈争论就等于记忆在实践中应用，因为传授知识也是记忆的目的之一。我们所学的东西虽然不是为了压服对方的，但是争论能大大地加深记忆，给知识不自觉地安上挂钩，一旦回忆时，您会记起那个地方您是怎么说的，对方怎么站起来打着手势，提高声调，面红耳赤的样子，就会想起当时所议论的内容。

许多名人也利用了交谈争论这一学习方法。爱因斯坦在最初钻研学问时，经常和他的朋友索洛文、哈比希特、贝索聚集在一起学习，他们谈了大量的书籍，包括哲学、物理学、数学和文学作品中的一些名著，经常彻夜热烈讨论学术问题。先前，爱因斯坦不掌握“黎曼几何”，他在朋友们的帮助下学懂了这门知识，这为他后来发现相对论打下了基础。他们给这个研究学术问题的场所起了个好听的名字，叫“奥林比亚科学院”。

我们也可以找几个情投意合的朋友组织成学习小组，一起交谈争论学术问题，相互促进记忆力，或者尽可能地利用现有的条件与周围的同志谈论学到的知识，互相交流，取长补短，相得益彰。

二、手心并用，动手抄写记忆甜头多

动手抄写材料，使记忆更加巩固的方法叫动手抄写记忆法。

抄写一遍比浏览一遍要记得多些。动手抄写的意义在于：浏览只用眼睛，而抄写又多加个动手。经过自己亲手抄写的材料印象更深，其过程包括了视觉和动作的混合运用，这样，给大脑皮层留下了更深的痕迹。朗读对于记住发音更为有利，抄写对于记住字形更为有利。一般考试时，以笔试为多，对于记住了的知识，考试时就能一挥而就，不用在揣摩字形上浪费时间。

诚然抄一遍比看一遍费时间，然而得益非浅。“手抄一遍，胜读十遍”是我国自古以来总结出的经验。从记忆的整体效果看，抄写并不等于浪费时间。

认真抄写是一种良好的学习记忆法。

下面举几个事例：

苏东坡四十多岁时和朱载上结为知己，一天，朱载上来到东坡处探望，通禀进去许久，不见东坡出迎。朱载上走也不是，留也不是，很尴尬。好半天，苏东坡才出来待客，抱歉地说：“刚做完‘日课’，失敬失敬”。朱载上听到苏东坡还做“日课”，很惊奇，忙问：“先生的‘日课’是什么呢？”苏东坡回答说：“抄《汉书》。”朱载上更为诧异，说：“以先生的天才，开卷一览，就可终生不忘，还用得着手抄吗？”苏东坡答道：“不，不，我读《汉书》，到现在已经亲手抄过三遍了。开始是读一段抄三字为题；第二遍抄两字，现在只抄一字。”朱载上要看一看苏东坡抄的书，东坡便让人拿来一册。朱载上随便念一个字，苏东坡应声背诵题下文字，没有一字差错。朱载上十分敬佩，回来后对儿子说：“东坡尚且如此用功，平常人更应当勤奋读书啊！”古人常用抄写法帮助记忆。

近代的一些名人学者，也常用抄书法帮助记忆。鲁迅青年求学时，抄过字典，抄过《地球浅说》，抄过《沈下览集》中的《秦梦记》，即使在大学任教后，他还曾三抄四校《嵇康集》。

由于人们学习记忆的目的不一样，抄写的具体做法也不相同。一般有如下几种作法：

1. 抄写整部书。所抄的对象应是经典作品才值得。《资治通鉴》是宋朝司马光编的一部编年体史书，共有二百九十多卷。顾炎武用了三年时间读完了《资治通鉴》，边读边抄，一部书变成了两部书，他把整部书全抄下来了。抄写使顾炎武能够记住许多段落。我们运用此种方法首先应注意必须选择有价值的书，不朽的名作。不要没有选择的信手拿来就照抄无误，抄写不是目的，通过这个过程能记在脑子里才行。不要光抄不动脑，那样是不会收到最佳效果的，必须一边抄一边理解，抄完一段，回味一下，使自己记牢。

2. 摘抄。识记材料时将关键的语句或段落摘抄下来，名言警句、概念、原理、重要观点、准确的数据等都可一字不漏地择取，主要是抓住您认为有保留价值的、有记忆价值的内容，认真抄写，用心记住。

3. 反复抄，提要抄。把必须记住的内容反复抄写几遍。第一遍全抄，理解其意。第二遍每句抄几个字概括意义，达到记住这个关键字就能把全句回忆起来的程度。第三遍只抄一两个字。抄句首一字或者用一两个字做为提要概括全句，最后达到记住一字就能记住全句的程度。这样反复抄几次，越抄越少，越少越好记。每抄一遍，及时地掌握记忆的进度。在紧张的考试复习阶段，运用此法尤为有效。我本人就是习惯以动手抄写记忆法为主，感觉写比看记得扎实。考试前夕，复习范围中凡是必须记住的内容，我都经过提要抄写，直到能默写全句，只记几个字做为记忆的挂钩，提取时也容易，需要的东西从笔下自然流出，百分之九十以上有把握记住。提要的几个字要牢记，出现遗忘现象时，这几个字就是回忆的挂钩。

朋友，请勤动笔吧，让它为您的记忆服务。不过抄写之后还要经常翻阅抄写过的文字，用不了多久，您就会尝到笔录带给您的甜头。

三、挖掘大脑的潜力：左右开弓活跃你的记忆

人的大脑是由左、右两个半球体组成的，大脑的两个半球功能完全不相同。左脑主要用于逻辑思维，如推理、分析、数学、语言、序列思维，等等，右脑主要用于形象思维，如识别图案、视觉形象、空间思维、创造力、综合力、音乐欣赏，幽默语言，等等。

人的左脑指挥身体右半部的活动，右脑指挥身体左半部的活动。这是古埃及最早得出的结沦。因为他们发现，当大脑一边受了伤，另一边身体的运动就会受到影响。

大多数人惯用右手，只有少数人惯用左手，这是大家熟知的现象，这就

是两脑半球职责不对称造成的。如果经常使用左手，那么右脑的功能就相对比较发达，如果经常使用右手，那么，左脑的功能就相对比较发达。

请看伟大的艺术家达·芬奇这位令人惊叹的天才吧，他绘制了可谓空前绝后的完美的肖像《蒙娜丽莎》，创造了久负盛名的壁画《最后的晚餐》，制作了当时被誉为世界第八奇迹的骑士像《斯福查像》。他可是惯用左手的。他身后遗下约五千页未出版的手稿，仅仅对其中的五十页略加一瞥，也许就是他知识广博的最好介绍，以下是他的五十页手稿中所包括的科目的部分一览表：古代寓言和中世纪哲学，海潮的起因和肺内的空气活动；地球的大小和地球与太阳的距离；猫头鹰的夜间习惯和人的视力规律，火的性质和圆的划分公式，万有引力定律和树在风中的摆动节奏，飞行器械草图和膀胱结石处方；充气救生衣的设计和关于光影的论文；游乐园的设计和新型兵器的设计；香水配方和最早的几何定理一览表；一系列有关喷泉水压的研究，鸟兽习惯的观察记录，关于真空的专论；利用蒸汽作动力的设计；一章最早的格言和关于月球性质的专论。他的知识领域包罗万象，使得他同时代的人们瞠目仰视，惊叹不已，一颗小小的脑袋怎么装得下他所通晓的一切。他惯用左手写字和作画，因而左右手同时得到发展，他的非凡才能与他左右脑并用无疑是有着一定关系的。我们通常只用了大脑的一半功能。有些学者研究指出，人的大脑还有相当大的一部分潜力未曾使用。据估计，人脑未加使用的潜力竟达百分之九十。如何把人类的记忆潜力变成记忆能力是至关重要的，利用左手发挥右脑的优势是挖掘大脑记忆潜力的一种方法。举了达·芬奇的例子，您会说我们不能和天才相比，的确至今再也没有出现过这样多才的人物。不过，请看看我们周围的人，比如用左手画画就是占优势的，我有位同学就是用左手作画，他不仅比别人创作的数量多、质量好，而且别人正在紧张学习期间，他还有时间恋爱，有时间修饰服装，毕业后第一个考上了研究生。他之所以能够轻松地取得好成绩，也与他惯用左手有很大关系。

现在，有很多科学家认为，为了挖掘右脑的潜能，必须加强左半身的运动，以减轻左脑的负担。英国的教育家发现，手的发展与记忆相联系，而脑的发展研究者认为，同时使用两手可以使记忆显著地、永久地得到加强。因此出现了一套用来锻炼左手和左半身单侧体操的方法。还积极鼓励习惯于用右手的人，要经常用左手来书写、工作、干活。

随着科学技术突飞猛进的发展，国外阅读心理学家们正在研究开发右脑的方法。现结合汉语的特点介绍以下几种方法，对开发大脑大有好处。

1. 如何运用图片

右脑是主管形象的脑，运用形象直观的图片进行练习，能充分发挥右脑的作用，收到意想不到的效果。下面介绍运用图片练习的几个过程：

(1) 运用图片练习记词的分析

由于图片上都是日常生活中较熟悉的实物，再加上鲜艳的色彩，所以它的直观性很强，我们运用图片练习记词，帮助开发右脑，收到了较好的效果。通过实践练习的情况，可分为以下 6 个阶段：

第一阶段：(10 天)

第一阶段用了 10 天时间的练习，只能记住 70 个词。开始，一次看 5 张图，只记住 4 个，不敢多记，记多了怕记不住。又经过 8 天的练习，一次看 20 张图，记住了 20 个词，当时认为效果就不错了，不敢再发挥。这时在学习了前面第三章中介绍的记忆法，一小时能记住 50 ~ 100 个单词后，很受启发。后来，又经过 2 天时间的练习，收到了点效果，一次看 70 张图片，全都记住了，真有点不相信。

第二阶段：(5 天)

用了 5 天时间的练习，能记住 100 个词，当时，认为记住 100 个词，需要巩固巩固，不敢再发挥往下记，所以进步不大。这时，又学习了图像法训练，受到启发。决心下次练习，让大脑大胆发挥，步子迈大点。

第三阶段：(16 天)

这一阶段用了 16 天时间的练习，能记住 300 个词。当时认为右脑潜力确实得到了发挥，就一直不敢再往下记。又学习了保加利亚心理学家洛扎诺夫创立的“启发性外语教学法”，一天能记 200 ~ 300 多个单词的记忆方法后，受到了很大的启发，准备下次练习向 350 个词进攻。

第四阶段：(10 天)

这阶段 10 天时间的练习，能记住 350 个词，当时认为，大脑已到了极限，右脑潜力发挥得差不多了，这次再也不敢多记了。有次偶尔看到有些外国专家研究左脑右脑潜力对比1：1000的材料，信心又来了，想再练习，尽量发挥右脑潜力，看到底能记多少个。

第五阶段：(10天)

奇迹出现了，一次能记500个词，真不敢相信，右脑的作用这么大！这10天一直是巩固练习，由于练习的量增加了，所以次数就减到每天只练习一次。当时认为，右脑是否还能再发挥潜力，还能记住多少，心里也没底，只有大胆地尝试才知晓。

第六阶段：(10天)

尝试成功了，一次记住750个词——70分钟！当时认为这是到了最高峰，右脑的潜力也发挥到了极限，所以，以后就一直再也没往下记，始终练习巩固这个“最高峰”的数字。看来，右脑的潜力是还能发挥的，潜力还是很大的。只要坚持不懈，就能达到今后最高的目标——100分钟能记住1000个词，或更多……

总之，运用图片练习记词，帮助发挥右脑作用，取得了意想不到的效果。如何发挥右脑更大的作用，如何发挥大脑更大的潜力，我们已经把看图记词的学习方法，迁移到用儿童连环画练习看句、看层、看自然段，又收到了很好的效果。我们又把看儿童连环画的学习方法，迁移到小学课文、中学课文、专业书中去练习，并收到显著效果。

(2) 解决练习中所遇到的问题

①要适应在任何时间的练习

为了适应在任何时间的练习，我们就变动了看图记字词练习的时间，开始不太适应，经过一段时间训练后，逐渐适应，效果也非常好。

开始练习，都是放在每天上午8点进行看图记字词的练习，由于上午精力充沛，所以效果很好。为了使自己适应在任何时间的练习，于是就改为上午10点钟进行练习，开始效果不好，时间增长，记忆力也明显地一次比一次往下降，自己也很着急。于是就静下来分析原因，主要是自己不能越过心理障碍，认为学习工作了一段时间，这时的精力也有所下降，大脑也有点疲劳，这个时间再进行练习，效果肯定不会好的。有了这种思想进行练习，自信心也不强，这样，记忆效果当然是不会好的。找到原因，就要克服它，努力使自己逐渐适应，经过一段时间，上午 10 点以后也能静心练习，效果也很好。

②要适应各种场合的练习

自己在家看图记词的练习，效果很好。但一换新的地方，需要适应，心里紧张，不能够正常发挥，所以记忆效果很不理想。为了适应各种场合，不断地加强练习，逐渐进入正常。

由于在记忆时，环境要绝对安静，这样思想才能高度集中，发挥才能正常，效果才能显著。有一次，作者在一个机关的办公室里进行表演，开始场内很安静，所以记忆的效果非常好。后来就不再保持安静的气氛。(由于是在办公室里，电话铃声、人员的流动性等都很大)。所以这时我努力使自己慢慢地去适应，暗示自己要沉着、冷静，不要紧张。通过这次表演，为了使自己今后适应各种变化的场合，就要到各种各样的场合去练习，去锻炼。

(3) 图片记忆与“三个”关系

运用图片练习，不但能发挥右脑的作用，发挥大脑的潜力且能增强记忆，开始智力。

①图片记忆与右脑潜能的发挥

20 世纪 60 年代中期，保加利亚心理学家格·洛扎诺夫创立的“启发式外语教学法”，是把一系列有关知识组成序列，在课堂上用听音乐、做游戏等方法来教学外语。这是一种舒适而充满乐趣的学习。用普通教学法教学，学生每天至多记忆 20 至 30 个外语词，而用“启发式外语教学法”可以使学生每天记忆 200 至 300 个单词。为什么一天能记这么多外语单词呢？主要是发挥了左右脑的作用，特别是右脑的作用。

我们把这种“启发式外语教学法”，迁移到看图学习词句上，收到了意想不到的效果。运用图片学习词句和课文，可以充分发挥右脑的作用。大脑左半球：主管数学、语言、逻辑、分析和笔记；大脑右半球：主管想象、色彩、音乐、节奏、幻想和直观。在看图识字的过程中，在看到图形的同时记忆材料，大脑的右半部此时完全体会图片上的形状、色彩等活动起来，而左脑起初是不活动的，后来在看图片中有词语出现，也活动起来，这时大脑两半球同时并用，左右脑都处于积极活动状态。所以效果更佳。

实践证明，大脑的功能不是算术法则，即 1 半球 +1 半球 ≠ 2 半球，全脑的功能是一半球功能的5～10倍，甚至几十倍。

②图片记忆与智力开发

运用图片进行练习，不但能增强记忆，而且具有发挥想象、思维、联想、回忆等作用。如要记住100个词，而且能熟练地背出来，要经过6个过程才能完成，如果再要求在几分钟内完成，这就更能显示发挥大脑智力的作用。

一是，眼睛要去看图片上的图和词；

二是，大脑要去记这些图和词；

三是，发挥右脑，进行想象、联想这些图和词；

四是，大脑要去思考组合这些图和词；

五是，大脑要进行回忆这些图和词，在脑中形成图像；

六是，有顺序地复述或背诵出这些图和词。

2. 左侧活动

一些神经心理学家曾经意味深长地说："迄今为止的人类，只是使用一半的脑进行活动，如果使用两个半球的精神力量，那就能完成惊人的工作。"那么，如何开发右脑，同时使用大脑两个半球呢？目前国外提出了做单侧体操的方法，就是使左半身的手、臂、脚灵活地运用自如，从而促进右脑的发展。比如，一般用右手的人，可以举左臂、踢踢左脚、左臂撑体、左手活动等。

开发右脑，常做的左侧活动有以下内容：

①可以用左手做事：用左手洗脸、刷牙、用筷子、扫地、擦桌子、洗碗、拿东西、提物品、捡东西、剥东西等。

②左手剪纸、写字、画画：可用左手叠纸、剪字、剪画、剪各种东西。左手写字：可以写数字，写简单的字、词、句、段到短文。左手画画，可从划线开始，逐渐过渡到能画动植物、花草树木和简单的人物画等。

③左腿活动：可用左腿进行踢、跳等运动。如，儿童可用左腿跳绳、跳皮筋、跳房子、踢球等……

④左手体育活动：可用左手打乒乓球、羽毛球、排球、网球、掷飞碟、投铅球等……

用左手做事、写字、画画，对一个惯用右手的人来说，的确是一件相当困难的事，但也十分有趣。当你读书写字累了的时候，不妨将未完成的工作交给左手代劳。只要你坚持下去，一定会收到意想不到的效果。它不仅可以帮助你解除疲劳，更重要的是开发了右脑的潜力。

以上谈的是锻炼左手来加强右半球脑功能。下面谈一谈从识记材料的形式中发挥大脑的两半球左右并用的记忆作用。

我们知道，左脑是主管逻辑思维的，右脑是负责形象思维的，如果识记材料既需要逻辑思维又需要形象思维，那么记忆时，两脑半球一起工作效率就高。同样一个小说内容，若看连环画就比看小说容易记忆，因为连环画图文并茂，即运用了左脑的逻辑思维理解内容，又运用了右脑形象思维理解图形，因而记忆就格外深刻。阅读没有图的小说时，只使用左脑进行逻辑思维，而右脑闲着，因而记忆就不如同时使用大脑两半球深刻。

左右脑并用能够尽快地掌握外语。为了学会一门外语，一方面必须掌握足够的词汇，另一方面，必须能自动地把单词组成句子。词汇和句子都必须机械记忆，如果您的记忆变成推理性的或逻辑性的记忆，您就失去了讲一种外语所必需的流畅。进行阅读时，成了一字字的翻译了，这种翻译式的分析阅读是左脑的功能，结果是越读越慢，理解也就更难，全靠死记某个外语单词相应的汉语单词是什么来分析。发挥左右脑功能并用的办法学外语是用外语思维，例如，学英语单词“bed”时，应该在头脑中浮现出“床”的形象来，而不是去记“床”字。为什么学习本国语言容易呢？因为人从小开始学习就是从实物形象入手的，说到“暖水瓶”，谁都会立刻想起暖水瓶的形象来，一般时候不是浮现出“暖水瓶”三个字的字形来。说到动词就会浮现出相应的动作来，所以学得容易。

我们学习外语时，如能让文字变成图画，在您眼前浮现出形象来，这就是右脑起作用了。每个句子给您一个完整的形象，根据这个形象，通过上下文来判别，理解就更透，记得更牢。这里，最重要的是用外语思维。

另一个发挥右脑功能的学习外语的方法就是用音乐配合记单词。超级学习法就是这样进行的，用播放缓慢的古典音乐做背景，老师有节奏地念外语单词，读的声音和音乐节奏合拍，学生们全身放松，随着音乐节拍呼吸，在大脑深处进行着自发的记忆活动。欣赏音乐是用右脑的，超级学习法的原理就是左右脑两半球并用。这样学习，每小时可记50~100个单词。保加利拉扎诺夫博士在20世纪六十年代创造了这种方法，可以使记忆效率提高5~50倍，两千个英语基本单词通过72小时就可以掌握。想一想，在几个月内我们就能学会一门外语，该是那么令人兴奋啊！记忆的潜力就在我们自己的大脑里，等待着我们去开发。

根据左右脑两半球并用可以增强记忆力的道理，教师可以在教学活动中把抽象的、概括的东西与具体的，形象的东西结合起来。比如用实物、幻灯、语言描绘、手势动作等讲解词义，使学生理解得快，记得牢固。

我们可以改变、调整识记材料的形式使大脑的左右两半球都用得上，我们可以经常派给左手练习完成任务，如使筷子、用羹匙、写字等，还可以弹一弹钢琴、拉一拉小提琴，想方设法增加左手活动的机会，使右脑也活跃起来。

朋友，努力挖掘大脑的记忆潜力吧。

四、多道协同记忆：耳、眼、手、鼻、口同时参加学习

利用眼看、耳听、口念、手写、心想，将多种器官协同起来增加学习记忆，称为多道协同记忆法。

现代神经心理学实验证明，多种感觉器官一齐上阵参加记忆，比一种感觉器官孤军作战单独记忆的效果好。有的学者研究表明，人从视觉获得的知识能够记住25%；从听觉获得的知识能够记住15%，而把视觉与听觉结合起来运用，则能够记住所获知识的65%。

有人曾经做过这样的实验：用三种方法分别让三组学习生记住十张画的内容。

第一组：只是告诉他们画上的内容，并不给他们看这些画。也就是说这组学生听而不看。最后测验结果是能记住60%。

第二组：只让他们看这十张画，可是不给他们讲画的内容。也就是说这组学生只看而没听。最后测验结果是能记住70%。

第三组：既给他们看画又给他们讲解每张画的内容。最后测验结果第三组记住的最多，达到86%，因为他们既看又听了。

实验证明了学习时调动多种感觉器官协同记忆效果好。

这种记忆的原理在于，人的每个感觉器官都和大脑神经有着密切的联系，每个感觉器官接触过的事物都在大脑皮层上留下一定的痕迹，如果眼、耳、鼻、口、手等多种感觉器官都接受同一信息，就会在大脑皮层留下很多“同一意义”的痕迹，当然比一种器官留下的印象深，这样，使大脑皮层的视觉区、听觉区、嗅觉区、动觉区等建立多通道的暂时神经联系，即使某一痕迹淡薄了，还有其他痕迹的存在。所以调动多种感觉器官记忆材料，就会延长保留记忆的时间，巩固记忆的痕迹。

我们在学习中怎样运用多道协同记忆呢?

在识记开始听老师讲课时就要全神贯注认真听讲，注意看课本和老师在黑板上写的重点内容，还要动手将必要的东西摘记下来。有些人往往忽视动手或者懒于动手，结果时间一长，学的东西多了，就把前面的忘了。而动手记笔记，回忆时就会有线索。

在自学读书时，精神集中，用眼睛看书是必需的，有些材料如能出声朗读则更能增强记忆效果。比如学外语和学中文都是如此，光看而不读，结果只能学成“哑巴”外语。光看不朗读，学中文则体会不到有些好文章的音韵、气韵。除了读、看，还要动手写，特别是学习外语不动手写是行不通的。

复习功课的时候，也不要只是来回翻书，最好是动手写出提纲网络，把重点抓住，对于必须死记硬背的材料反复写几遍，达到能默写的程度。“眼过千遍，不如手写一遍。”光看是不行的，要和手写结合起来才能增进记忆。

对于实验课来说，有时还要调动味觉和嗅觉的积极性，比如上化学实验课就要动员耳、眼、手、鼻、口都来参加学习，听觉信号、视觉信号、嗅觉信号、味觉信号、触觉信号一同涌入大脑皮层，建立起多通道的内在联系，加深记忆的痕迹。

在教学时，可以利用多种手段来调动学生各种感官的积极性。比如将幻灯、录音、唱片、电视、录像等视听手段应用到教学过程中，根据不同的教学内容，使用不同的教学器材和资料讲课。视听教育声画并茂，视听结合，使学生便于记忆。

朋友，调动自己的多种感官来为我们的学习服务吧!

第九章 心理有备，实现快捷记忆的梦想

培养自信心会使您不断努力获得成功；

自设奖励能够使记忆充满吸引力；

利用独处的条件可使您在时间的“下角料”里，在短暂的与世隔绝的安全感中发挥记忆的效力；

反复实践识记的知识，记忆会越用越灵，更有利于回忆；

限定时间可克服大脑的惰性，使您高度集中精力；

适时休息符合大脑的生理机制，有利于记忆的持久储存。

……

让我们从记忆的心理、从记忆的时间、从记忆的环境中挖掘潜力，调动各种有利因素，使枯燥的识记材料变得更容易记忆，使我们的记忆效率得到更快捷更显著的提高。

一、主动记忆记忆效果好

在翻开书本学习之前，您是否想过：为什么要学习这本书呢？是因为爱好？是因为这是必学的课程？还是因为它是通往理想的云梯呢？您也许要问：这些同记忆有什么关系吗？是的，有关系。很多人都有过这样的体会，迎考前的紧张复习比起平时的学习来，记忆效果要好得多。也许您认为那是因为有客观上的压力，其实不尽然。主要原因还是您怀有一种一定要通过考试的强烈动机。人无论做什么事情总要有一定的目的，这种促使人行动的目的就是动机，它是人们行动的动力。有了这个内在的动力，人就有了做好事情的信心和力量，就有了克服困难的勇气和毅力。所以，首先认清“为什么学”是相当重要的，它是整个学习的起点，是能否记牢的内在基础。

学习的目的人各有别：有人图名，有人为利，有人想做敲门砖，这些狭隘的目的不足取，它们不能使学习持久和深入。正确的学习目的来自人们经慎重选择而立就的志向，这是激励人发奋学习的不竭的“能源”。立志而学，是历来被志士、学者称道的。墨子说：“志不强者智不达”。朱熹说：“学者须先立志。今日所以悠悠者，只是把学问不曾做一件事看，遇事则且胡乱恁地打过了，此只是志不立。”法国生物学家和化学家巴斯德这样谈论立志与成功的关系：“立志是一件很重要的事情。工作随着志向走，成功随着工作来，这是一定的规律。”通过勤奋自学而考取上海外国语学院研究生的方能达就是立志而学的楷模。在方能达七岁的时候，他在抗美援朝前线担任英语翻译的哥哥光荣牺牲了，这启迪了他幼小的心灵：外国语也是一种战斗的武器。从此，他就和外语结下了不解之缘。在坚持不懈的学习中，他不仅在外语学习方面有了长足的进展，还通过阅读外文版的自然科学著作，使数理化的知识水平得到了提高。到了高中时期，他决意把主攻方向选择在外语上。这以后，他更加刻苦钻研，通晓了九种外国语，终于学有所成。

立志而学，确定了为什么学的明确目的，而后，还要根据这一目的确定学习的“方针”“战略”和“战术”。比如：一种外国语的学习包括很多方面：有专业外语，有公共外语，有偏于口语翻译的，有偏于文字翻译的……人的精力有限，在这“知识爆炸”的时代，一个人不可能什么都学，而应当围绕自己的主攻方向建立合理的知识结构，这就需要有选择地学习。尤其在智力竞争、确定人生目标的青年时代，这种选择就更为必要。自学成才的郑伟安在自学数学理论的同时，给自己制定了学习外语的目标，能借助工具书迅速地阅读外文的数学书籍和文献。根据这个原则，他采用收听广播教学和选用理科外语教材等一些方法，先后学会了英、德、日、法和俄语，很快就达到了进行阅读和运用外语写作现代数学论文的水平。郑伟安认为，这样制定外语的学习目标，符合自己当时的实际，如果一下子把外语目标定得很高，有可能学好外语，但那就要影响专业的学习了。正确地认识自己并合理地设计自己，才能发挥更大的作用。

现代心理学认为，立志而学就要把立志和具体的学习紧密地结合起来，激发起学习的强烈动机的心理状态，这样就能提高记忆力。比如，您的未来目标是要在理论物理方面有所建树，就可以这样制定一张规划图，然后，您在每次学习之前，都把自己的规划默想一遍，努力使学习的欲望更强烈。这样激发起强烈动机，会使您增强学习的毅力，鞭策您顽强地去克服学习中的困难，会使您增加学习的兴趣，吸引您全神贯注地沉浸在学习中。坚持这样做下去，您的记忆效率就会不断地在良性循环中提高。您不妨试一试。

二、培养信心记忆记得更容易

自信，就是相信自己的能力。一个人要获得事业上的成功，自信心是首要条件，自己都不相信能成功的事情，是绝对无法干好的，记忆也是这样。

鲁迅先生曾鼓励青年要有自信心：“愿中国青年都摆脱冷气，只是向上走，不必听自暴自弃者流的话。”

居里夫人在艰难的困境中也曾坚定地表示：“我们应该有恒心，尤其要有自信力！”

常听到有人说：“我是记性不好，忘性大。”“我的记忆力太糟糕，看过的书很快就忘了。”这是一种对自己的记忆力缺乏信心的表示。结果呢？抱着否定自己记忆能力的消极心理去学习，往往就真的记不住多少。担心自己记不住也有碍于记忆。在战场上，官兵若要失去士气，再有利的地形、再精良的武器也无济于事，一定会溃败的。

自信心到底会不会起作用呢？

苏联学者索洛维契克在谈到自信心时，说过这么一件事：心理学家从一班大学生中挑出一个最愚笨，最不招人喜欢的姑娘，并要求她的同学们改变对她的看法。在一个风和日丽的日子里，大家都争先恐后地照顾这位姑娘，向她献殷勤，陪送她回家，大家以假作真地打心眼里认定她是位漂亮聪慧的姑娘。结果怎样呢？不到一年，这位姑娘就出落得很好，她的举止同以前简直判若两人。她高兴地对人们说：她获得了新生。确实，她并没有变成另一个人，然而，在她的身上已展现出每一个人都蕴藏的美，这种美只有在我们相信自己，周围的所有人也都相信我们、爱护我们的时候才会展现出来。这就是自信心的作用。一位学者说过“一个人只要有自信，那么他就能成为他希望成为的那样的人……。一个人如果自惭形秽，那他就不会成为一个美人，同样，如果他不觉得自己聪明，那他就成不了聪明人，他不觉得自己心地善良——即使在心底隐隐地有此感觉，那他也就成不了善良的人。”记忆方面也是如此，谁自信记忆力好，就容易成为记忆力好的人。

日本心理学家多湖辉先生和南博先生都说过：“记忆的关键，在于要有‘我能记住’这种自信心。”在中学时，我有一位同学是后转学来的，那时正处于中学三年级后半学期，这位同学才开始接触英语，可是到毕业考试时，她很快就答完了英语卷，取得一百分的好成绩。我问她是怎么学的，她讲道：“这完全得益于自信心和自尊心。刚去时，校长并不同意接收我，动员我到离家很远的另一所中学去学英语，可我非要学给这位校长看看，自信自己能赶上别人，结果我多花了不少时间，想尽办法将学过的英语单词都记住了，所有的复习答案也都背下来了。”一个人如果自信记忆力很好，那他就会在记忆方面倍加努力，以便向别人证明自己记忆力确实很好，相反如果他怀疑自己的记忆力或否定自己的记忆力，那就会缺少了一个努力的劲头，就会自甘暴弃。

怎样培养自信心呢?

对于会干的事、能够干得来的事，谁都可能有信心，因为我们曾经干过它，心里有底，就是说成功使人增加信心。当您面对着需要记忆的课程时，首先您一定不要有畏难情绪，然后从大处着眼小处着手，从实际出发，先记一小部分材料。比如记外语单词先学五个，用心去记，反复几次，谁都能记住，通过测验能得满分，这就是一个小小的成功。每取得一次好成绩，就会增加一点信心。能记住五个单词，再增加到记十个，循序渐进地使自己获得成功。当然，培养信心的同时也要注意记忆方法，遵循记忆规律去学习，这样容易获得好成绩。只要您有一次考试获得成功，就能够大大增强自信心。

培养自信心还有一个方法，那就是回忆过去成功的经验，每天入睡以前，用五至十分钟时间做这种练习，比如："上小学时，我用一天时间就记下了全班同学的名字。""有一次复习外语，我把书里的单词都背下来了，结果，考试得了 100 分。"也可以回忆微小的成功："明天的电视节目预告我都记住了"、"昨天我背了二十个单词，一点没错。"只要是成功的事，就会使人坚定自己的信心，从而理出最有成效的头绪来，不知不觉增强了自己的记忆力和注意力。反复练习一段时间以后，再遇到考试，您可用一至两分钟来稳定情绪，在头脑中浮现出成功的经验来，然后想到"上次我就记得很好，这次也一定能记住。"这样，您就会有条不紊地提取您记忆中的知识，而很少出现想不起来的现象了。

朋友，努力培养自己的信心吧。

三、给自己报酬，自设奖励记忆法

喜欢得到奖励，是人们的正常心理状态，节日参加灯谜会，大家都很有兴趣，一方面锻炼了智力，另一方面也因为有奖励。许多人参加有奖储蓄，也都是想到优厚的奖品：与其参加一般的活期储蓄，拿点儿微薄利息，不如拿这笔钱去碰碰运气。

奖励比惩罚更能调动人的积极性。不太愿意干的事，只要有奖励，也会把很多人的劲头鼓起来，设法去完成它。很多厂矿也都在利用奖励办法，来激发职工的积极性，搞活企业。当然，这只是企业管理的一种措施。不过，这却是一种行之有效的方法。

日本一些企业设有“发明创造委员会”之类的组织，广设建议箱，有的甚至在厕所里也安排纸笔供工人提建议用。对合理建议和发明设想，哪怕是暂时不能够付诸实施的，都发给奖金。所以，职工们都积极地提出对企业有利的方法、措施。

体会一下得到奖励和拣到同一样东西的心情，即便是一样的东西，又都不是个人花钱买的，但感觉却不同。获得奖励，有一种荣誉感，这是金钱买不到的，无论这奖励是多么微薄，它是您干得好的标志，是高尚的，光荣的，心情兴奋而自豪。而拣到东西只有偶然占便宜的感觉，甚至会感觉内疚。

根据人们喜欢得到奖励这一心理现象，给予记忆成果以一定的报酬，是能够促使人努力去记的。那么，怎样利用这一心理规律呢？那就是自己奖励自己。比如，半个小时内记熟二十个外语单词可以奖给自己一块糖或一杯茶水、一个橘子。没有东西也有办法，比如，要求自己一个小时内背完若干个历史年代，奖励一段自由时间，可以玩玩羽毛球、听听唱片，先告诫自己，背不下来不能去玩，自己需认为玩也是一种报酬。还可以给自己规定今天把某科复习完，自测效果好，晚上奖励一场电影。就这样，我们可以利用自己愿意干的事来督促自己完成记忆的任务。

四、学须静也，利用独处记忆效率高

不知您是否有过这样的体会，一个人独处一室学习比室内人多时的记忆效果要好。这是什么道理呢？因为记忆活动需要精神高度集中，最好是不受干扰。而单独一人的时候，是容易专心致志的。在单独存在的空间中，有一种暂时与世隔绝的感觉，您可以静下心来背材料。而人多时，您会一边背，一边无意识地听到别人谈话，或者防备着别人问您话。就是在肃静的图书馆里，虽然都在自己看书，您仍不会有独处时的毫无戒备的精神状态，“周围都是人”的想法总在或多或少地干扰您。

可是，我们生活在集体之中，不论在家里、学校里，还是在工作单位里，周围都是人，只有一人的时候太少了，我们每天真正能够静下来思考的时间并不多。这样的环境使我们背记材料时力不从心，因此，我们会埋怨自己的脑袋不好使，可没注意到是环境不好影响了记忆力。

但有的人却在这人山人海之中发现了一个独处的环境，这就是家庭浴室或厕所。国外有一位飞机制造业的权威，他博学多才，善于充分利用现有条件和时间，在家中的浴室和厕所里也准备好要看的材料，以便在独自一人时积极思考问题。大家可能有这样的体会，由于看惯了书，在一时拿不到什么书的情况下有块带字的纸也能反复看它几遍。自家厕所里放一本书或兜里带着书在去厕所时看，常常引起人们的兴致，即使不喜欢的书也比平时看得进去。把那些枯燥的需要死记的材料带进去背几遍，能比平时记得快。人们在单独的厕所中，会有一种安全感，不会有人干扰的，这是可以自由地独立进行思考的时间和境地，您尽可以集中精力记忆学习材料而不必精神紧张。我们每天反正必须去厕所几次的，反正是要花费一些时间的，既然独处时记忆效果好，我们何不充分利用这几分钟呢？想一想，我们每天能独处的机会到底有多少，除了极少数人独身生活或者家里房间多，多数人简直不容易找到更多的独处时间。除非别人都入睡了或者还没有醒来时，才会有与独处相似的因素，那时您的正常休息就要受影响了。

认识到独处时对记忆有好处，就应当抓住并利用这一机会，衣兜里经常带着需要记忆的有关材料。写在卡片上、纸上或小本上都有利于随身携带。上厕所不必约人同去，在单独的洗澡间带一本书看，在阳台上、在楼房平台上、在公园的角落里也可发现独处的境地，在家里、在教室或在工作单位偶尔也有独处的时候，我们都应加以充分利用，拿出学习材料来记忆。

五、限定时间记忆，让大脑上足发条

也许您有过这种体会，别人让您办的事如果说来得及，不等着用，您会心安理得地拖几天办，如果说需要请您马上办，您会在很短时间内办完的。人的能力是有伸缩性的，老师在星期一留了作文，让下星期一交上去，很多人都会留到星期日去做，平时两个小时很难写完一篇文章，但是在考试中，限定两个小时却都做得完。人的大脑是有惰性的，在没有时间限制，没有紧迫感的情况下，往往紧张不起来，松松懈懈，记忆效率也不高。

笔者在校期间，离毕业还有半年，老师就告诉大家准备论文，虽然知道毕业论文事关重要，因为距离“交货期”很远，同学们谁也不着急。在大脑不紧张的时候，思维就不敏捷，虽然也收集了不少资料，总是开不好头。眼看着日子一天天逼近，只剩一个月了，老师来检查，并限定必须在月末前完成。这时候，大家都紧张起来，赶快开始动笔，夜以继日突击，精力集中了，意志坚定了,一定要按期写完。听说有的同学第一遍已经脱稿，更使我增加了紧迫感，这时，大脑如同上足了发条，调动了所有的积极性，进入了竞技状态，结果，好几个月也没考虑成熟的问题在十几天之内全部写完。写论文是这样，记忆活动也是如此，限定时间完成任务，会使人产生一种有益的焦虑感和时间的紧迫感，这样会显著地提高效率。据有的演员讲，越是临近演出，背台词便越快，也是这个道理。

怎样利用限定时间记忆呢？我们可以利用大脑的这一弹性，经常自己给自己限定时间，以便促使自己记住重要的材料。

苏联著名昆虫学家柳比歇夫善于计算时间，工作效率非常高，他对于所有计算的工作量，都竭力按限定的时间限度完成，正负误差不超过十分钟。在有效的工作时间里，他精力高度紧张、集中，排除一切干扰。经常计算时间使他感觉到每分每秒的重要，严谨的计算用时确保了他的效率；限定时间使他的事业卓有成效。

我们对要记住的内容大致需要多长时间，应该先做个计划，可以宽打一些时间，使自己记忆得更充分，但要限定在自己的计划时间内完成。这并不完全是为了节省时间，也为了使大脑在短期内精神高度集中，收得更好的记忆效果。

六、劳逸结合，别忽视松弛的重要

长时间的记忆活动，因连续集中精神，头脑兴奋，就会产生一种紧张感。就是所谓神经紧张状态。

处于这种状态时，肌肉也会紧张。肌肉紧张，反过来又促使精神紧张，它们之间有这样的相互关系。这种状态是记忆活动所不可缺的。

心理学家莫格和莫德奈尔曾经做过如下的实验：先给被试者记忆一长串的形容词，然后将被试者分成A、B、C、D、E、F六组，分别做不同形式的活动。让A组看笑话书；让B组背诵三位数的数字；让C组记忆无意义的字母；让D组记忆与实验用过的毫无关系的形容词；让E组记忆实验用过的形容词的反义词；让F组记忆实验用过的形容词的同义词。等他们将这些作业全做完以后，测验他们实验开始时记忆的那些形容词。实验结果，以A组的记忆率最好，回忆出45%，将近一半。以下的成绩是：B组记忆率37%，C组记忆率26%，D组记忆率22%，E组记忆率18%，F组记忆率只有12%。这个实验说明，长时间记忆同一内容，记忆效果不好，因为人的注意力集中的时间是有限的，时间一长，兴奋性降低，抑制作用加大，不如适当休息一下，换换脑筋，适当穿插些体力活动或做做操也好，一般可学习一个小时休息几分钟。不使大脑陷入疲劳状态，以科学的态度利用时间，越是临近考试了，越要保持大脑的清晰。紧张的复习当中最好穿插着看连环画刊或说笑话。但应该注意，必须选择短篇小说，不要看长篇小说，如果被内容吸引住，一看就放不下，反倒误了学习。

下面介绍几种能使人松弛的方法，以帮助读者全身放松，使记忆达到最佳状态。

1. 深呼吸带来的松弛

调整呼吸的方法，自古以来就作为宗教的方法和健康的方法，广被使用。

它有种种技巧，其中也有要下很多功夫才能掌握的。但是也有很简单的，在任何地方都能够应用，这就是深呼吸。只要慢慢地呼吸就可以了。

先闭上眼睛，把心情平静下来之后，深深吸气。吸时要慢，急了不行。

充分吸入之后，几秒钟之内停止呼吸，然后徐徐吐出。把这些动作反复多次，就可知道身心都会得到松弛。

这里的重要之点，是吸气之后要稍停一下。这是瑜伽的呼吸法里也使用了的技巧。另一重要之点，是在吐气时，比吸气还要慢才行。

这样来做深呼吸，好像很简单，但是，在现今这样繁忙的时代，也很难找到充裕的时间去做。尽管如此，哪怕是闭上眼睛深呼吸的一点点时间，也要努力争取找到它。早晨起床后，在上班的电车里，午休的时间，等人的当儿，就寝前，等等，只要是想做，还是能找到很多时间的。

深呼吸不仅能使身心松弛，而且能给血液充分输送氧气，把二氧化碳排除体外，促进新陈代谢。

常见有人坐在门窗关得严实的房子里发呆。这是因为缺少氧气，脑子的活动迟钝了的原故。打开门窗，做做深呼吸，给脑子输氧之后，头脑就会清醒，记忆力就会增强。

如同刚才所说，开始只侧重做深呼吸，养成一有空就做的习惯。能够常做之后，接着就要学会正确的呼吸法。呼吸法大致可分为胸式与腹式两种。

胸式呼吸，就是日常进行的呼吸，把肋骨扩张吸进空气；与此相对，腹式呼吸就是把腹部鼓起来吸气，然后呼出（此外还有把肩膀一上一下进行的肺式呼吸等几种）。

深呼吸无论是哪一种都有效果，但以腹式呼吸最为有效。

以坐禅、瑜伽为代表的各种呼吸法都是以这种腹式呼吸为基础的。

2. 腹式呼吸法

腹式呼吸如前所述，可以促进新陈代谢，使横隔膜能够一上一下，刺激在心口窝后方的太阳神经从这根神经节，使自主神经的活动旺盛起来。所以，容易统一精神，集中注意力，也能增进记忆力。

另外，腹式呼吸还有提高腹压，防止腹部血液停滞的效果。腹部血液一停滞，身体其他部分就呈贫血状态。腹式呼吸能够消除这种状态，有使身心健康的作用。

腹式呼吸按下面的方法做，极易掌握。

或坐在椅子上，或者端坐。眼睛闭上，或稍微睁开。先把气从口中吐出，边使腹部凹进。全部吐出之后，闭上嘴，从鼻子吸进空气，把腹部鼓起来。吸足了气之后，暂停呼吸。

然后一边从鼻孔慢慢地把气吐出，一边让腹部凹进去。只是在最初吐气时用嘴，以后全用鼻子呼吸。

一边做这样的深呼吸，一边在每次吐气时心中数着“一、二、三……”数到10时，又回过来从1数起。

连续反复做5次左右，身心就会松弛起来，注意力自然地就会集中到数数上。这是提高集中力的一种练习。

此外还有下面的注意力集中法。这是中国自古以来流传下来的方法。

吸气时，想象从腹部有个像气泡一样的东西，通过身体的前面上升到头部来。而在吐气时，则想象那个气泡贴着身体的后侧往下降。

这种方法因为站着也能做，所以在上班乘电车中做，也是有效的。

还有把腹部一鼓、一停、一凹，这样的三阶段的腹式呼吸，也很见效果。这是住在美国的名为埃克巴尔·阿波尔的瑜伽研究家倡导的一种方法。

3. 利用瑜伽松弛法

印度古代的瑜伽，世界闻名。在日本也开设了瑜伽教室和瑜伽道场，生意似乎很兴旺。电视节目介绍它，它的书连书店的书架上也摆得很醒目，今天一般人都知道一点有关瑜伽的知识。可是瑜伽被相当地误解了。很多人以为它是印度的古代体操或者是健康法。尤其是看到什么“瑜伽健康法”“使你变美的瑜伽”“使你变瘦的瑜伽”，这样一些书名和宣传短文，也就难怪人们把它与健康体操相混了。

瑜伽的本源是哲学。那曲艺一般的姿势和独特的呼吸法，不过是防止心的散乱，使精神得到统一的手段。所以，它能够广泛用来增进记忆力等智力的活动。现在，在欧美，瑜伽现代化的研究正在取得进展。称为“TM”的瞑想法。修尔茨博士的“自律练习法”，即自我抑制法，也是应用瑜伽原理发展起来的。

现在，把作为瑜伽松弛法的埃克巴尔·阿波尔的训练法加以介绍。它吸收了瑜伽、东洋医学而形成了独特的方法。这个方法在《自我感觉》这本著作中，很引人注目。

它的训练要点是：

训练 1 首先盘腿坐定。两臂抬起齐胸高，不用劲。把头、眼、肩、臂尽可能地往右扭。这时眼看右侧。接着往左扭看左肩。反复做这种回转运动。接着把臂和肩往右扭时，头和眼往相反方向扭。然后把臂和肩往左扭，头往右扭。反复这样做。把臂和肩往右扭，头往左扭，眼看右边。向相反的方向扭。反复这样做。

训练 2 对着正面头往左转。这时眼看着正面不动。同样地向右。

训练 3 向着正面不动，眼睛滴溜滴溜地慢慢旋转。这时头不准动。

训练 4 闭眼睛，眼前有类似点状的东西一闪一闪的。注视其中的正面的点。

接着闭上眼睛不动，设想这个点绕圈慢慢转动的物象，随着这个点的运动活动眼睛。

训练 5 改变这个点的活动，心里描绘各种各样的物象，物象以一笔就画下来的图形为好。如像“☆”形这样的图形。

通过以—上训练，就可使智力活跃起来，提高集中注意的能力，增进记忆力。

4. 按压身体的穴位以利脑力松弛

东方医学正在被重新估价。在日本自不必说，自古以来，以中医师为核心人物所采取的各种疗法很得人心。在欧美针灸的研究也正在取得进展。

东方医学认为，有一条给身体各器官以能量的筋。这条筋名为“经络”。身体状况欠佳时，是因为这条筋起了变化。其症状是，比如说感到僵硬或疼痛。在这条筋当中，有特别变化显著的部分，这就是穴位，称为“经穴”。

身体的某个部分的机能下降或恶化时，向发生变化的穴位施以刺激，这种治疗法，就是指压和针灸。这是中国自古以来就有的疗法，人们从多年的经验中建立了经络、经穴体系。

利用对穴位的刺激，来解除头脑的疲劳，使脑的功能活跃起来，这种方法在集中精力工作之后试一试，就知道它的效果了。虽然此法是间接的，但学会了这样简便的方法，就等于掌握了增进记忆力的武器。

从后头部的发际到脖子处有个叫“颈窝”的洼处。在它的两侧有粗筋，在粗筋的外侧，在发际处有个穴位叫“天柱”。靠近它的上方有个穴位叫“风池”。按压这些穴位可使头脑清醒，增进功能。不仅如此，对医治头痛也有效果。

按压方法是：把两只手的指头插合在一起，把手掌放在后头部，用大拇指按压穴位，不是用指尖，而是用手指肚柔和地用劲按压。这是要诀。

同时把下颏抬起来，使脑袋向后仰。这样做是很有效的。按压 5 秒钟左右，突然松劲。反复做 5 ~ 10 次，头脑就会清醒起来。

还有头顶处，即从鼻梁往头上伸的线和从两耳往上伸的线相交处有个叫作“百会”的穴位。用两手中指按压，有抑制头昏眼花的效果。

七、学而后知实践：重视使用增进知识

大家知道，记忆就像双手一样，越用越灵。识记的东西若不常应用，在大脑中的印象就会逐渐淡薄。俗话说：“听过不如看过，看过不如干过。”经常在实际中运用的知识总是难以忘记，印象深刻。中学时一位物理老师讲电学，他让学生亲自实践，学会接亮日光灯和白炽灯，考试时一半考理论，一半考实践。结果大家都会安装电灯了，也轻而易举地记住了线路图。相反，在化学课时，因为学校简陋，没有实验设备，只能死记书本上的知识。这样缺少了运用知识的机会，同学们感到化学不好学。

为什么在实际中经常运用的知识能记忆深刻呢？从神经生理机制方面来看，这是因为知识运用越频繁，大脑皮层留下的痕迹就越深刻，暂时神经联系

也就越牢固。运用的次数多了，学习者记忆的抽象信息符号和对应的实践活动之间，会建立起紧密联系的第二信号系统的条件反射，这时的某些知识可以转化为技能和技巧，这个过程甚至会潜移默化地改变人的身心，使得知识变成人的气质的一部分。

心理学认为，识记的对象在实际中运用就成为活动的对象，亲身参加活动时就多用了一个器官，多用了手或者多用了口，事物运动过程再次显现在眼前，容易清晰地被感知，比书本上的知识印象更深刻。比如亲自做一遍化学实验，对整个实验过程不费力气就能记住，若是死背实验条文而不动手实践，即使当时背下来了也容易遗忘。宋代诗人陆游在给最小的儿子陆子遹的一首诗中说，“纸上得来终觉浅，绝知此事要躬行。”意思是说，从书本上得来的知识终究是肤浅的，要透彻地深刻地了解某件事，非亲自实践不可。

法国 18 世纪最杰出的资产阶级启蒙思想家和文学家卢梭是靠自学成才的。他在学习中注意把书本知识与实际应用联系起来。他学了音乐，就从事乐谱创作；学习数学，就去丈量土地；学习药物学，就给华伦夫人采药制药；学了意大利文，就替别人当翻译，日间学了天文知识，晚上就用望远镜观察星象。他还喜欢外出旅游，了解各地风土人情，欣赏绮丽的自然风光，使自己从书本上学到的自然地理知识得到验证。

马克思很重视通过使用来提高记忆力。有一次他发现国际工人运动活动家威廉·李卜克内西的西班牙语讲得很糟糕，就马上从书架上抽出西班牙作家塞万提斯的著名小说《堂·吉诃德》，给他上了一课。以后，马克思还每天要李卜克内西叙述作品中有关部分的内容或考他其他西班牙书籍的内容，促使了李卜克内西每天都使用学到的西班牙语去阅读西班牙文书籍。这样，不长时间，李卜克内西便掌握了西班牙语。

根据重视使用知识能够增强记忆力的道理，我们可以找出一些实际办法。

语文方面经常写日记、做作文、写心得，就能使文字、语法、好的词汇记得更多。

数学方面多做习题，就会使公式记得更熟。

理化方面多做实验，生物方面采集制做标本，医学方面临床实习，地理方面绘制地图、实地考察，历史方面编制大事年表，游览古迹，鉴赏文物，政治方面分析社会现象这都属于实际应用。还可以将识记过的知识讲给别人听，这叫传授使用，而积极和别人研究探讨问题则是争论使用。这些都比一个人关起门来记忆知识多了一个提取的机会，所以能加深记忆。

第十章

利用工具，促进快捷记忆的实现

“工欲善其事，必先利其器。”记忆也应该利用自己的工具。

世界上的知识浩如烟海，已经达到令人“望洋兴叹”的程度，需要记忆的东西越来越多。但是，精力有限，时不待人。所以，在挖掘大脑的记忆潜力，研究科学的记忆方法的同时，巧妙地利用各种记忆辅助工具，实在是非常必要的。

人类已经经历了悠久的历史，聪明的祖先们早就发明了记忆辅助工具，从原始的结绳记事到现代化的“电脑”，随着人类科学水平的提高，记忆辅助工具的可靠性，准确性以及工作效率都在不断地提高。

知识的存储可分为内外两种，内储即指大脑中的记忆，外储则指记忆辅助工具的使用。记忆辅助工具又可分为三类，1. 工具书籍，2. 自编资料，3. 电器设备。记忆辅助工具的使用形式多种多样，如查工具书、做笔记、抄卡片、编索引、剪报、使用录音机，等等。

朋友，也许您正在得心应手地驾驭着记忆辅助工具，也许您正感到急需学会运用记忆辅助工具，那么，请您读一读“工具篇”吧！

一、学外语，利用录音记忆是最佳的选择

人人皆知，录音机能由自己选放优美动听的音乐、令人捧腹的相声、原声带的外语……可是您知道吗？录音机还有培养记忆的妙用呢！

我认识几个小青年，他们待业在家，不知怎么想起学外语来，隔了一段时间，他们竟会说几句“英国话”了，而且，其中的两个人还真蛮不错呢！我知道，他们在学校学的是日语。后来，我问他俩用的是什么记忆方法，他俩说：“这功劳得记在录音机上。”

录音机为什么能帮助记忆呢？一说记忆，人们的习惯作法是用眼睛看着记，而使用录音机则改变了这种方式，使人丢掉了看记的依赖性。光用眼睛看，容易走神儿，有时一溜就带过几行，似看非看，似记非记，甚至可能干脆就看不下去了。但是，使用录音机就没有这些弊病了，它不管您听不听，照常播放，这样会促使人在规定时间内听完。如果一次没听好，还可以进行第二次、第三次、第四次……另外，录音机可以随身携带，得空儿就放，比如播放外语吧，它会使您常常生活在外语的环境中，这样对促进外语学习是非常有利的。再有，录音机放出的音色与听惯了的自己的音色不同，能给大脑以新的刺激。最近，有人作过实验，认为临睡前在枕边放录音能促使潜意识活跃，有增进记忆的效果。看来这又为录音机记忆法增添了新的内容。

现在，录音机价格并不昂贵，为了学习，特别是学习外语，买一台实属必要，况且，很多人手边现在就有一台。如果能充分发挥它的作用，我想您一定很高兴。那么，下面就介绍几种使用录音机记忆的方法。

1. 重复法

大家知道，朗读是一种很好的记忆方法。经验告诉我们，这是有道理的。如果不出声地默记，容易精神溜号，尽管眼睁睁地盯着要记的材料，可不知什么时候，头脑中却在想其他无关的事情了。当然，长时间地反复朗读材料，毕竟是不轻松的。况且，朗读又需要相应的环境。试想，家里人口多，房屋窄，

老人要静，孩子好闹，能朗读得出吗？夜静更深，在马路边上，路灯微弱看不清，怎么朗读呢？清晨，在公园里，周围人多，又可能羞口……但运用录音机可就方便多了。

自己先读识记材料，同时录进磁带，将两面都录满后便可以播放了。先听一次，思路要随着识记材料走。听完后，可试忆一下，如不满意，就再听一次，直至满意为止。

开始念材料时，速度要慢，否则因为不习惯，思路就可能跟不上。对材料熟悉后，速度可适当加快。

2. 间隔法

间隔法就是在录音时，预留给自己思考的时间，再行录音的方法。间隔的方式有三种，即“学舌”式、“先思”式和“试答”式。分述如下：

①“学舌”式。在录音时，出声念一句后，默默地重复一遍，再出声念一句，再默默地重复一遍。……如此进行，直到录完为止。播放的时候，听一句，跟着读一句，默读也可以，再听一句，再读一句，直到听完为止。

②“先思”式。在录音时，先默念一句，接着出声地重复一次，再默念，再重复，录完为止。播放时，自己先背一句，录音机跟着念一句，直到听完为止。

③“试答”式。先录问题，然后让录音机空转一段时间，时间要刚好能回答上面的问题，然后，再录标准答案。播放时，听到问题，要马上试答，因为限制了时间，必须迅速地动脑筋，这样记忆就会机敏起来。

运用“间隔”法应该注意的是，一定要先采用“学舌”式，对材料熟悉后，再采用“先思”式。再有，对间隔的时间一定要正确对待，不能可有可无，当作儿戏，也不能认为“反正我也记住了”，因而放松注意力。

3. 配乐法

就是在录音时配上音乐的方法。这里的音乐指的是器乐曲。爱好音乐的人可能都有这种体会，当您注意听一段乐曲时，您会不知不觉地陶醉在它所表现出的意境之中，您会暂时忘掉了一切，这是因为您精力高度集中的缘故。

在朗读识记材料时，如果能用另一台录音机或电唱机播放您喜欢的音乐，播放时，就有了配乐散文的效果，音乐会刺激您的学习积极性，使您心旷神怡，大脑的记忆潜力得以发挥，对识记材料的记忆就会又快又好。

录音机的作用在学习外语中尤其是显著的，我们应该让它发挥出来。

二、好记性不如烂笔头：笔记本才是你的“百宝箱”

“好记性不如烂笔头”，这是古今中外作家、学者、科学家的治学经验结晶。它高度概括了记忆与笔记的关系，阐明了笔记的重要性。

英国哲学家培根认为：“读书使人头脑充实，讨论使人明辨是非，作笔记则使知识准确。”近代著名学者梁启超曾说：“大抵凡一个大学者平日用功，总有无数小册子或单纸片。读书时看见一段资料，觉得有用者即抄下……这种工作，笨是笨极了，但真正做学问的人，总离不了这条路……”

的确，纵观历史，凡是搞学问的名人，无论是自然科学还是社会科学，只要是有所建树的，都很重视做读书笔记。马克思“时常在他自己的抄本里，记下他想丰富他自己的记忆力的各种实际资料”；列宁“阅读了很多的资料，他把必须的材料记入了笔记本”；人称科学幻想之父的凡尔纳，他的读书笔记竟达二万五千多本；鲁迅写作《中国小说史略》，摘抄的纸片就有五千张；列夫·托尔斯泰的笔记本称为“百宝囊”，果戈理的笔记本称为“万宝全书”，南北朝时任未的笔记写在衣服上，唐朝李贺的笔记本是个破布袋……他们靠着笔记为人类创造了璀璨的精神文化，同时也为后人树立了治学的楷模。

自诩记忆力最强的人也不可避免地要发生遗忘，这是无法否认的客观现实。但笔记就可以弥补大脑的这种不足。我的一位朋友有写笔记的好习惯。一次，谈到十年前的一段小事，我俩为回忆当事者有几个的问题争执起来，最后，他翻出了日记本才“澄清”了“是非”。可见，笔记之于记忆是极好的补充。做笔记的好处很多，归纳起来可概括为四点：

1. 帮助理解。笔记是思考的产物，凡作读书笔记，必须首先理解学习的材料。一篇文章也好，一部著作也好，该记什么，该怎样记，总要用心选择确定，这一过程会加深您对材料的理解，提高概括能力。理解越深刻，概括越准确，笔记也就越简洁。经常做笔记，还可以培养文字表述能力和运用符号、图表的技巧。通过做笔记，头脑中隐藏的思想空白暴露了，零乱的事物整顿得条理有序了，模糊的记忆表象也变得清晰了。因此，它对于理解材料，深化记忆大有好处。

2. 战胜遗忘。笔记能巩固记忆、战胜遗忘，可以从四个方面谈。首先，做笔记时需用脑，学习材料在头脑中接受加工整理并安营扎寨，而且形成了自己的提取方式，因此能延缓以至战胜遗忘。其次，做笔记时需用手，这就在读、看、背等记忆形式基础上增加了手写、画图等触觉记忆与运动记忆。您可能有这种经验，某个字暂时遗忘了，用笔在纸上试着写几个形体相近的字，往往会突然回想起来。再次，做笔记可以帮助复习，而适时复习是形成长时记忆的有效方法。按照笔记复习，既能节约复习的时间，又可提高复习的效率。马克思就有用笔记复习的习惯，隔一段时间就要读一次自己的读书笔记。最后一点是笔记能保持精确的记忆。我们的大脑有个特点，记忆的痕迹容易趋于模糊淡薄，所以有些人一到“求真”的时候，总有些“拿不准”，而笔记是白纸黑字写在那里，便于查找和核实。

3. 积累资料。占有大量资料是搞学问的基础，马克思指出：“研究必须充分地占有材料，分析它的各种发展形式，探寻这些形式的内在联系。只有这项工作完成以后，现实的运动才能适当地叙述出来。”外文出版局专家爱泼斯坦曾说过；“储存资料最简单的办法就是靠你自己记下来，这就是做笔记……”但是积累资料绝非十天半月、三年五载就能奏效的，而必须是“活到老，学到老”，不断接收新信息，逐渐完善自己的资料系统。荀子云“不积跬步，无以至千里；不积小流，无以成江海。”做笔记也是这样，写一篇就多一篇，辑一本就增一本，天长日久，自然是越积越多，慢慢就会形成一个独具特色的“档案馆”“资料库”。

4. 促进成才。可以说，做笔记是一条成才的途径。在学习、研究、创造之间本无明显的界限，从笔记到论文或到著作，总有一个循序渐进、从量的积累到质的飞跃的过程。鲁迅先生说：“无论什么事，如果继续收集材料，积文十年，总可成一学者。”同类资料积累多了，经常相互对照，就会形成自己的观点，古今很多学者都是从这条道上走过来的。清代顾炎武的《日知录》是一部读书笔记汇编，德国爱克曼的《歌德谈话录》是谈话笔记的结晶；历史学家吴晗写《明史》，光卡片笔记就有二十万张……当然，并不是说成才必须做笔记，也不是说做了笔记就能成才，而是说做笔记是成才的一个重要因素，是成才的推进器。

那么怎样做读书笔记呢？每个人学习的内容，读书的习惯不同，做笔记的方法当然也不同，这里简单向您介绍几种：

1. 抄写笔记。抄写笔记是搜集资料的重要方法，它分为两种，一种是全抄笔记，即对一篇文章，一个章节，乃至一整本书都照录无遗，另一种是摘抄笔记，即对重要段落进、行摘要抄写。做抄写笔记应该注意抄后校对，避免漏误，然后标明出处、作者等，以备日后查考。

2. 卡片笔记。卡片笔记是活页形式，它便于分类和整理。卡片内容不限，随人而定。卡片规格一般是128开纸或再小些。卡片上一般印有资料类别、编号、出处、著译者姓名、内容提要等，没有卡片，稍硬些的白纸也行。应该注意的是每张卡片写一个内容，并及时进行分类归档或装订成册。

3. 批语笔记。批语笔记就是在书页的空白处随手记下对原文的个人意见，其内容主要有三类；①对文章思想性和艺术性的评论；②自己的心得体会和疑难之点；③标注原文在遣词用字上的谬误。批语笔记可以与符号笔记结合起来使用。

4. 符号笔记。符号笔记就是在原文之间标注符号以理解原文的方法。常用的符号有：黑点、圆圈、直线、曲线、双线、红蓝色线、箭头、方框、三角，惊叹号、问号等。符号笔记容易掌握，人人可用。应该注意的是：①必须明确采用符号的代表意义，并且要保持前后一致，不能随意更改，②各种符号不能过多过密，否则令人目眩，重点也难突出。

5. 概要笔记。概要笔记是对某本书、某篇文章概括重点后写出的笔记，它相当于小说的内容提要，文章的主题思想。这种方法适合于浏览的范围，要求用自己的语言叙述，并且要简短、概括，不能遗漏原文中的主要方面，更不允许随意改变原文中的基本内容。

6. 心得笔记。心得笔记是在读书、思考、交谈中偶有所得，随手录下的笔记，包括随笔、札记等，属于笔记中的高级形式。这种笔记能够培养独立思考的能力，提高写作水平。但要求学习时不能走马观花，粗枝大叶，做笔记时也不能轻描淡写，勉强为之。否则，既使连篇累牍，也不会有真正的收效。

7. 专题笔记。专题笔记是确定题目，内容专一的笔记。其形式可以多种多样，例如文摘、剪报、谈话等。这种笔记要求必须注明出处、作者、页码乃至收藏单位，以备专题研究之用。

8. 日记笔记。日记笔记就是日记形式的笔记。其特点是不拘一格，可长可短，加之本身的顺序性，尤其有时间上的查考价值。

9. 听讲笔记。听讲笔记是听报告、听讲课时做的笔记，因其要求记录速度，所以有人总结出“三记三不记”的原则，就是：重点问题、疑难之点、书上没有的记，次要问题、易懂之点、书上有的不记。记的时候应抓住提纲要求，带有事例的更好。

10. 观察笔记。观察笔记是记录对生活观察的笔记。做观察笔记要注意细节，要抓住特征，特别是对带有专题考察性质的观察，一定要注意前后比较，顺序上的变化，保证其环环相扣，互不脱节。

笔记的形式很多，这里就不一一赘述了。

记笔记的目的是在于应用，如果写完一本就打入“冷宫”，那实在是件憾事。所以，请您记住，只有那些经常与之亲近的人，笔记才愿意真正成为他的朋友。

三、运用卡片记忆，处处可以学习

卡片是人人熟悉的学习工具，在抄录笔记记忆里已作了简单介绍，我们这里简单谈谈卡片制作、抄写等方面的问题，以及怎样使用它来增进记忆。

这种方法可以用来学习外语单词，背诵名词概念，记忆历史年代、地理数据等。

先制作规格统一的卡片，纸的质量最好好一点儿，因为卡片要经常翻动使用，薄纸很不适宜。要求卡片两面都是白的。

后在卡片上写好需要记忆的材料，注意，一定要一反一正写，例如：

外语单词：正面——attention，反面——注意

名词概念：正面——哲学，反面——哲学是关于世界观的学说，是理论化和系统化的世界观。

历史名词：正面——祖冲之，反面——相应的概念

正面——辛亥革命，反面——相应的概念

历史年代：正面——淝水之战，反面——383 年

当然，还可以写上各种各样您需要的片断知识。写的时候最好用两种颜色，比如正面用红色，背面用蓝色或者黑色，以便于区别。

做好卡片后，先进行集中识记，外语单词一次可进行 50 个，各种名词概念一次可进行 10~20 个，年代数据一次可进行 20~30 个（注意，可用“数字记忆法”记忆）。基本上记住后，可把卡片像洗扑克牌似的混放在一起，然后从上面的一张背起，看正面则背反面看反面则背正面。不过，记名词概念时最好名词一律朝上。凡能背出的放在一边，背不出的放在另一边。最后，把背不出的重新“洗牌”，再次回忆，直到全部“消灭”为止。

这样隔一两天再记一次，及时复习，效果会更好。

运用这种方法还可以找几个朋友进行比赛，不过，卡片数量可适量增加。把几十张乃至上百张卡片排放在桌子上，大家轮流猜记，每人一次猜一张，背对了的卡片归自己，背错了的卡片归指正的人，指正的人这次不算猜一次。如果大家都猜不出，可以拣出来放在一边。全部猜完后，各自计算卡片数，多者胜，少者败。

这种卡片记忆法的优点有两条：

1. 因为卡片都是单张的，没有顺序性，可以随意组合，这就避免了前摄抑制和后摄抑制的影响。同时，常摆常记，给以新鲜感。

2. 能提高记忆兴趣。越记卡片剩的越少，自己熟悉的越多，就会兴趣盎然。如果几个人比赛，还有一种竞争心理，更促进了记忆。

朋友，卡片记忆既有趣又有效，快去找同学或同事进行“猜卡片”的游戏吧！

四、时刻念着你，带备忘录记忆

备忘录，它的名字已经告诉人们，它是帮助记忆的工具。实践经验告诉人们，大脑的记忆并非时时可靠，事事确凿，尤其在涉及核实两个或几个字的记忆谁是谁非的时候，往往是口说无凭，以字为证。两国谈判或共同签署声明也要交换备忘录，可见使用备忘录是十分必要的。

备忘录最好选用袖珍本，因为开本小则宜于携带，篇幅少则宜于更新。随身携带——无论何时何地，只要觉得应该记住，就可以随手写下来。同时，没事得空儿时还可以翻开看一看，这样能保证“防备遗忘”的效果。经常更新——给人一种新鲜感，会不断引起人们的兴趣。同时，也避免因经常翻用而使封面和本芯间出现断离现象，并且减少了翻阅的工作量。

凡碰到需要记忆的事项，首先要判断它是应该长时间记在脑子里，还是写进备忘录。应该短期办理的事，立刻记上备忘录。这样会大大减轻记忆的负担，以保证大脑进行有意义的记忆和创造性思维。不过，需要您记住“那件事已经写在本子上了”。

使用备忘录要求每天抽空翻看一次，做到心中有数，闲暇之时也可以翻一翻，这样才能“记”而不忘。

如果您还没有使用备忘录的习惯，那么请您明天去买个小本子吧！备忘录会帮助您减少因遗忘而造成的悔憾。

五、利用工具书籍，建造你的知识大厦

工具书，顾名思义，就是在学习或工作中作为工具使用的图书。科学地使用这些“工具”，对于您建造自己“知识大厦”是非常必要的。

从古代起，我们的祖先就很重视工具书的编写，为后人留下了许多探索古代文化的向导。随着社会的进步，科学的发展，工具书的队伍也在不断壮大，在这支队伍里，有老资格的“字典、词典”；有小字辈的“文摘、年鉴”，有包罗万象的“百科全书、类书”；有各个学科的“图册、数表”……浩浩荡荡，洋洋大观。

对于每一个专家学者，科技人员、自学青年乃至中小学生来说，工具书都是良师益友。每个求知者都非常珍爱自己的工具书。我还清晰地记得一位朋友在得到缩印本《辞海》时那惊喜的笑容。那么这个良师益友能帮助我们干什么呢？它有这样几个用途：

1. 解决疑难问题。在学习和工作中，我们会经常遇到一些“挠头”的问题。不认识生僻字呀，需要具体数据呀，某人的生平经历呀……这时，您不要冥思苦想，最好查一查工具书。成语不懂可查《汉语成语词典》；生字不认识可翻《新华字典》；了解人物可读《中国人名大辞典》《世界人名大辞典》，查找地名可看《中国历史地图册》《世界地图册》；核对时间可参阅《中国历史年表》，学习外语更必须配备有关的中外文对照的辞典。工作也是这样，谁都会经常遇到“拿不准”的数据、概念、条文，怎么办呢？可以翻看相应的各种表册、图表等。

2. 提供阅读线索。我国是文化发达的文明古国，书籍浩如烟海，汗牛充栋，这对于每一个立志从事专业研究的人，都提出了选择“必读书目”的问题。如果我们能翻看一下引导入门的工具书，就会如梦初醒，一目了然了。如学习中国古代文学，有《中国古典文学名著题解》，学习外国文学，有《外国文学作品提要》；学习历史，有《中国古代史籍举要》；学习哲学，有《外国哲学社会科学书目》；学习政治经济学，有《简明政治经济学辞典》……这些书会向我们呈现某一学科的概貌，是自学者不可多得的好导师。

3. 帮助搜集资料。每个搞专业的人都希望占有雄厚的资料资本，在专业方面钻研得越深、越精，则越有这种需要。在工具书中，往往就汇集了您遍寻不得的资料。我喜欢搜集歇后语，因此，各种版本的歇后语集、歇后语词典我都每见必购，从中选取那些自己需要的资料。如果您要查阅最新的成果资料，那么可以翻一翻《全国报刊索引》，或者是查一查《中国百科年鉴》。如果您是医生，能从有关的工具书中学到特殊病例的处理经验，那是多么宝贵的资料啊！比如您想收集工具书方面的资料，《文科工具书简介》《文史工具书及其使用方法》等一定会为您打开方便之门。

工具书是我们的好朋友，但这个好朋友可有个怪脾气哟！如果您没有真正认识它，熟悉它，它是不会轻易向您敞开心扉的。那么，该怎样了解和求助于这位好朋友呢？下面向您介绍几种方法。

1. 选购。俗话说："手巧不如家什妙"，有几本适用的工具书，会帮您节省不少的时间。例如，有一个历史年代记不准，通过翻教科书也能查到，但是如果手头有一本《中外历史年表》，手到功成。我有位朋友是舍得买工具书的，他对我说："宁可别的钱少花，工具书不能不买，只要能用上两三次，你心里就会有一种说不出的畅快。"看来他是深受其益的。但是，一般工具书价格都很高，特别是精装本。在经济不宽裕的情况下，就必须有选择地购买。比如各种字典、词典很多，您可以选购《新华字典》《新华词典》或者是《现代汉语词典》。同一类工具书应该买"权威"性的，因为其中的观点有代表性，概念比较准确，同一种工具书应该买精装的，因为工具书使用频繁，精装的经久耐用，所以还是买精装的好。如果您暂时经济紧张，建议您以买工具书为主，再兼顾别种书籍。不过，提醒您一句，对于那些出版量少而确有价值的工具书，千万不要失之交臂，宝山空回。

2. 查阅。凡是买到手的工具书，必须先熟悉其主要内容和使用价值，一旦需要时，应该知道这本工具书里是否能解答。还要将其前言、凡例、附录等部分弄清楚。使用起来才不至于手忙脚乱。应该说明，工具书一般都遵循字顺排列法或分类排列法。字顺排列法主要运用于字典和词典。具体分为形序排列法(包括部首法、笔划法等)、号码排列法(包括四角号码法、三角号码法等)、音序排列法(包括韵部排列法、汉语拼音排列法等)。有些工具书是兼而用之，如《新华词典》除部首排列法外，还备有汉语拼音及笔划排列法，可同时查考。分类排列法是根据材料内容按学科、时间、事物、性质等系统排列的。从西汉末年刘向开创目录学以来，几经演化，封建社会里，目录分为经、史、子、集四大类，每一类中又有若干小类，如经部再细分为易、书、诗、礼、春秋等十小类。现在，一般采用中国图书馆分类法，分为马列主义、毛泽东思想，哲学，社会科学，自然科学，综合性图书五大部类。下分二十二个基本大类，大类下还有若干小类。还有一部分辞典是按分类排列法编成的。但对于一般工具书，掌握了字顺排列法就足够用了。

3. 检索。检索是运用工具书查找文献资料线索的过程，检索工具主要有目录、索引、文摘等。目录是图书和成册资料的系统记载。国家有《全国总书目》和《全国新书目》，各级图书馆也都有自己的藏书目录，在一些大图书馆里，还有搜集各种专题文献的参考目录。索引一般分为篇目索引和内容索引。篇目索引是报刊杂志文章题目的综合编排，内容索引是摘录图书、论文中的事物、人名、地名、名词等的汇编。文摘分为指示性文摘和报道性文摘两类。指示性文摘不涉及具体内容，报道性文摘则只对文献内容作简要叙述。由于条件所限，一般人不可能准备足够用的工具书，而必须寄希望于图书馆，如果您经常到图书馆去，应该学会检索的方法，否则必然劳师费时，空耗精力。下面介绍几种常用的检索方法：

①书（篇）名检索法，即利用书（篇）名索引查找书号或刊物期号的方法。

②分类检索法，即根据《中国图书馆图书分类法》或《中国图书资料分类法》来查找图书的方法。

③著者检索法，即通过著者目录或著者索引来查找用书的方法。

④文献序号检索法，即通过技术标准编号，科技报告编号等查阅资料的方法。此外还有几种检索法，但一般图书馆或资料室不常用，这里就不一一说明了。

工具书是知识外储的最佳手段，您只要记住书名和内容范围，这本书便在实际上纳入了您的记忆网络中，成为您“召之即来，来之能战，战之必胜”的好助手。这样，您就可以腾出空儿来更多地进行创造性的思维和记忆，使大脑发挥更高的效率。

六、知识外存有良方：积累剪报帮助记忆

剪报，也是记忆的辅助工具，从报刊杂志上剪下有关自己专业的资料，积累起来，分类保存，装订成册，是知识外储的又一种好方法。

剪报是工具书的补充，能买得到的工具书当然是最好的资料汇集，可是大量的最新研究成果，学术动态等各种资料，还仅见于报刊杂志。全国的报刊杂志种类繁多，谁也难以每日尽览，而珍贵的资料就可能随之稍纵即逝了。如果我们能及时把需要的资料剪辑起来，久而久之，必有大用。

著名的科普作家叶永烈是深得剪报之益的。他订了许多报刊杂志，每天他总是边看报边选定资料，并画上圈，等到饭前饭后挤点时间就剪下来，再分门别类贴到一本本剪报集上，靠着几十本厚厚的剪报集，叶永烈的知识更加丰富了，写出了一本本妙趣横生的科普读物。当然，大家不一定都想编写著作，但剪报的作用是不可忽视的。往往有这种情况，看报时大致了解，初有印象，等需要用的时候，只好临急抱佛脚，找到一堆报纸挨张翻，还往往白忙一场。如果有了剪报集，您记住的点滴印象不就卓然生效了吗！

那么，怎样剪集材料以至最后应用呢？可以说，这个过程也如人脑记忆一样，收集好比识记，存放好比保持，使用好比回忆，下面逐条向您介绍。

1. 收集。收集的要点在于一个“勤”字。个人订阅的报纸杂志总是有限的，就是较大型图书馆的阅览室里也难以包罗无遗，所以，我们只有以“勤”补之，集沙成塔，集腋成裘，具体应从三方面着手。

①订阅：凡是与自己专业或爱好有关的，凡是刊载资料较多的报纸杂志，必须订阅，既使一时经济紧张，也应想办法解决订费，否则寻找资料时会后悔的。

②订购：很多单位或个人的过期报刊都当作废品处理了，实在可惜。为了开发这个大“资料源”，您可以托亲靠友，请大家帮助定期按废品价格购买过期报刊。买到报刊后，您可以突击剪辑几天，经过“审阅”的报刊再自己卖

废品。

③拾零：收集资料要眼勤手勤，无论何时何地，哪怕是包装纸上有资料也要收来。有一次，在一个单位用来遮门玻璃的报纸上，我发现一条资料，就和人家说好话，讨要过来。

剪辑资料时一定要注明出处、日期，以后既可以查对核实，也可衡量出该条资料的份量。

2. 存放。存放的要点在于一个“细”字。资料到手只是走完了第一步，如果不注意存放问题，使用时必然多有不便。一般讲，存放包括三个过程。

①制卡，把资料贴在统一的卡片或硬纸上，根据资料的内容，自己的条件，可以选用 32 开或 16 开的硬纸，粘贴时，要留有装订线，最好打上装订孔，以便于活页迁移。制卡片积累到百八十张，就进行一次分类。

②分类：分类是从剪辑到使用资料的重要环节。如果不进行分类，胡乱堆放，剪报就可能白费了苦心，使用就可能成为泡影。您有这样的体验吗？从成堆的资料中毫无线索地翻找，往往是事倍功半，有时甚至前功尽弃，徒劳一场。所以，无论资料多少，必须分类存放，这是毫无疑问的。具体的分类办法，可根据资料的内容、用途按专题或学科等划分。资料积累多了，从大类中可再分出小类。比如我的剪辑资料分为自然类、地理类、文物类等七大类，大类下再分，如自然界趣话资料分为自然之谜、动物趣话、植物趣话、生理趣话，动物趣话中又分为鸟、鱼、蛇、猴、象、鼠、蜂、蝶、蚁、蛛等类别。

③保管：保管方式很多，有条件的做一个资料柜，像中药铺的药柜那样，把资料按类存放，并贴好标签，像注明门牌号一样，保证查找时手到即来。没条件的可用活页夹或文件袋保存，每类装一袋，袋上要注明，以免找资料时翻箱倒袋乱忙一阵。建立起“资料库”后，凡新资料到手，一定要“对号入座”，保持整齐有序，呼之即出。

3. 使用。使用的要点在于一个“还”字。剪辑资料为的就是使用，但使用时一定要考虑到以后。用过的资料，必须及时“归档”，嫌麻烦是不行的，如果光取不还，那前面的苦心经营就毫无意义了，特别是人多手杂时，一定要强调“还”字，维持“资料”的秩序。

剪辑资料是一项长期的工作，贵在持之以恒。说繁琐吗？有时还真使人厌倦；说有趣吗？浏览起来常使人爱不释手。请相信，当您的才智按动了资料的琴键，它就会奏出令人心驰神往的乐曲来。

七、穿插游戏记忆：快快乐乐学到家

“喂！喂喂！喂喂！你是张四毛吗？请你回答我的问题。”

“我是张四毛，我愿回答你的问题。”

“黑暗的反义词是什么？”

“光明！”

“分裂的反义词？

“团结。”

“懒惰？”

“勤劳。”

“……”

这是两户邻居的小孩在互通“电话”？不，确切地说，是在“做打电话”的游戏。瞧，他俩手中并没有电话耳机之类的实物，也没有架设什么天线地线，只是隔窗做着打电话的手势，就互相通起“电话”来了。他们就是通过“打电话”游戏，津津有味地复习功课的。奇怪的是，平时父母督促他们温习功课，往往不到半小时，屁股就和凳子闹矛盾。而他们自己“打电话”，却能不知不觉地持续好一段时间。可见游戏这个“刺激物”能调节体力、激发兴趣和集中注意力，特别是对于少年儿童，更具奇效。

一位教师为了帮助学生巩固“加 9”的运算，新课授完后，根据一年级小学生容易疲劳，不随意注意长于随意注意的心理特征，让学生稍休息后，便巧设“帮小动物找家”的游戏，寓教于乐中。教师首先出示小黑板一块，左边用图钉钉有蝴蝶、山羊、熊猫等 8 只漂亮的小动物图片，每张图片上有一个“9”加几的算式；右边画有几间小屋，每间小屋上有一个 9 加几的得数。随后，教师交代“帮小动物找家”的游戏过程：把动物身上的算式计算出来，看得数是几，便去找写了这一得数的小屋，再走上台把这只小动物的图片取下，贴到相应的小屋上。学生在游戏中热情高，兴趣浓，连平时成绩最差的学生也牢固地掌握了“9加几”的运算，取得了良好的教学效果。

也有的老师运用“开火车”的游戏帮助学生巩固对所学知识的记忆。如教师拿着一些算式卡片，指定一个学生先开始算，老师说：“火车向前开！”前面的学生一个个接着算；老师说：“火车向左开！”左边的学生一个个接着算。也可以从某个学生开始，自觉地一个个接着往下算。还有的教师将“找朋友”“鸡毛信”“摘果子”“开飞机”“旅游”“击鼓传花”“夺红旗”等游戏适当地穿插在教学活动中。

对于中学生来说，由于年龄增大，心理特征与小学生不一样，教师一般不宜在教学中穿插游戏。但是，学生们可以利用下“成语棋”“数学棋”“物理化学棋”等游戏活动来辅助自己复习巩固知识，还可以通过“成语花样式填空”“数学智趣题演算”“智力游戏题思考”等书面游戏形式增长和巩固知识。也可以在课外活动时间里组织小型的知识性的游戏竞赛活动。如中央电视台就经常播放一些中学生的知识性游戏或智力抢答竞赛等。

英国教育家斯宾塞早在1854年就提出“快乐教育学”思想，即要尽量使学生在快乐中掌握知识。他认为，求知如果能给学生带来精神上的满足和快乐，即使无人督促，也能自学不辍。从斯宾塞的见解中，也可以看出，玩一些与所学知识有关的游戏，是有助于掌握知识的。

第十一章

影响记忆的因素

一、观察与记忆

观察有狭义和广义之分。狭义的观察仅指用眼睛看，而广义的观察则是一种有目的、有计划、有步骤地感知客观现实的活动。

观察力即观察的能力，指能否发现事物典型特征的能力，这是一种稳定的个性特征。观察力影响着各种心理活动，也影响着各种实践活动。

正确的观察应该具备四性，即：

1. 目的性：观察时要有明确的目的，即明确观察的对象、观察的要求、观察的步骤和观察的方法。例如，属于长期观察范围的，必须制订计划；属于临时观察范畴的，可在头脑中构思一个草案。

2. 系统性：观察要按着一定的系统进行，以保证不遗漏获得的材料。例如，可按事物的时间顺序、空间位置、内部结构、外部特征等系统去观察，其具体方式要根据观察对象的具体情况而定。

3. 思维性：观察中往往包含着积极的思维，主要体现在比较和归类，分析和综合方面。通过对观察对象的比较，找出异同之处，及时掌握观察对象的个性，从而提高对观察对象的正确认识。

4. 协调性：观察中要通过各种感知器官的协调作用来提高效果。正如夸美纽斯所说："听觉应该永远和视觉联合在一道，舌头应该和手臂一起训练。"这样，印象才能深刻、扎实。

观察力与记忆力同是智力的重要组成部分，二者是相互联系。相互制约的。没有很好的观察就谈不上确切的记忆，而没有牢固的记忆又无法进行有效的观察。观察是为了保证信息的有效输入，记忆是观察结果的储存和检验。观察力很差的人，记忆力也决不会好。观察对记忆的作用至关重要，归纳起来主要有：

1. 决定性作用：观察是记忆的前提，记忆是观察的结晶。没有观察便没有记忆。对此，日本一桥大学社会心理学家甫博教授曾做过一段精彩的比喻，他在《记忆的秘诀》一书中写道："我们脑海中所存在的记忆，好像银行里的存款一般，假如银行里没有款项存着，无论怎样的努力设法，也不可能有现金提出来。这就等于我们所经过的事物，不把它储存在记忆中，即如要向银行提出现金而没有存款一样的道理。"这段话，形象地说明了观察对于记忆的决定性作用。

2. 加速性作用：良好的观察能够很快掌握客观事物的基本特征，可以说是记忆的加速剂。观察总是有目的的，而有了明确的目的，记忆效果会显著提高。观察中如果带有浓厚的兴趣，更能够加快记忆的速度。例如五代时有位画家叫厉归真，他擅长画牛，但社会当时崇尚画虎，而厉归真画的虎总离不开"牛态"，人们笑他画的是"死老虎"。为了把死虎画活，厉归真深入山中，实地观察，很快就记住了老虎的形态神情，并用传神之笔画出了老虎的生气雄威，成为著名的丹青国手。

3. 可靠性作用：认真的观察是记忆准确性的可靠保证。①具体观察，一般讲，直观现象比抽象事物印象深刻。具体观察所得到的记忆信息是比较可靠的。正如俗话说："耳听为虚，眼见为实"。②对比观察，观察中运用分析比较的方法，可辨明正误，从而能纠正以往的错误记忆，保证新的记忆信息的准确性。③系统观察，系统性是观察的重要原则，在观察中坚持做到全面而系统，会提高记忆的可靠程度。

4. 牢固性作用：凡是经过仔细观察过的事物，就会在头脑中留下深刻的印象。①首次观察，在现实生活中，凡是第一次感兴趣的；注意的观察，往往终身不忘。②长期观察，人们的记忆与人们的社会实践活动分不开，凡是经过长期观察的事物，都会在大脑中留下牢固的记忆。③在观察中加以认真的思维，达到理解的程度，就会达到长期不忘的程度。

观察力既然这么重要，那么，怎样提高观察力呢？应该从以下几个方面做起：

1. 明确观察的目的。明确具体的任务、目的是进行观察的前提。只有明确了观察的目的和任务，才能把观察力集中在所要观察的事物上，从而收到良好的观察效果。观察的目的和任务越具体，收效就越大。因为对一个观察者来说，目的、任务明确了，注意便有了一定的方向。例如居里夫人为了提炼新元素——镭，在“既类似马厩，又宛若马铃薯窖的屋子”里，百折不回地实验、观察、总结，哥白尼为了揭示宇宙的奥秘，风雨不误地观测天文四十年。在明确的目的指引下，他们的观察都获得了震惊世界的结果。

2. 培养浓厚的兴趣。兴趣是人们爱好某种活动或力求认识某种事物的倾向性情感。它对于人们的学习，工作、生活都有十分重要的作用，对于观察力也毫无例外。一个人对某种事物感兴趣，他就会全神贯注地对某一领域进行深入的观察，一个人的兴趣广泛，他就会津津有味地进行多方面的观察。例如法国大作家左拉兴趣非常广泛：教堂，他去观察，学校，他去观察，酒吧间，他也去观察……正因为他对什么都感兴趣，所以对生活中各种各样的人物、形形色色的现象观察得非常透彻，描写起来淋漓尽致，入木三分。他创作的由二十部长篇小说组成的巨著《卢贡—马卡尔家族》，成为世界文学宝库中的一颗明珠。

3. 奠定知识的基础。一个人要观察某种事物或现象时，必须有充分的知识准备。因为观察的成功与否，主要决定于知识的掌握程度。一位经验丰富的猎人可以在密林中发现禽兽的蛛丝马迹，一个技术合格的地质队员可以在荒山僻野找到罕见的矿藏。同理，不识英文字母的人很难观察英国人的口语发音；不会国际象棋的人无法观察国际象棋的比赛。这就告诉我们，只有奠定知识的基础，才能进行相应的观察。

4. 选择不同的角度。宋代大文学家苏轼登庐山曾写道：“横看成岭侧成峰，远近高低各不同。不识庐山真面目，只缘身在此山中。”这首诗说明了要感知某一事物必须从不同角度进行全面观察，这样才能避免一点论，防止片面性。

5. 注意细节的观察。细节观察非常重要，莫泊桑曾说过：“必须详细地观察你想要表达的一切东西，时间要长，而且要全神贯注，才能从中发现迄今还没有人看到与说过的那个方面。”“为了描写烧得很旺的火或平地上的一棵树，一直到我们觉得它们不再跟别的火焰和别的树木一样为止。”是的，在观察中就该有这种一丝不苟、审慎精细的态度，善于从一些细节中把握事物的特征，加深对事物的记忆。

6. 提出探索的问号。求知欲是观察力发展的重要基础，求知欲强的人在观察时总要提出各种问题。例如，看到水开时壶盖跳动，小瓦特就提出了是什么在壶里的问号；看到苹果掉下地来，牛顿竟想到它为什么不往天上飞，看到太阳东升西落，哥白尼却发出了“如果地球不动，遥远的恒星要跑多快才能每天绕地球跑一圈呀？”的疑问……事实证明，好多观察家都是善于提出问题的人。所以，要培养观察能力，还应该养成“画问号”的习惯。

7. 摆脱主观的框框。观察过程中，观察者的主观臆想常常造成错觉，因而作出错误的结论。例如《三国演义》中“空城计”一节，司马懿见诸葛亮城门大开，想到诸葛亮一生谨慎，不肯弄险，认为必有埋伏，急令撤军，丢掉了非常有利的战机。历史教训告诉我们，观察时决不能光凭想象，不要乱猜瞎想，而要客观地去分析和处理问题。

8. 留心意外的现象。有个法国人为了防止葡萄丢失，往葡萄架上喷洒了石灰和硫酸酮的混合剂。后来他发现葡萄的长势格外好，便仔细观察，发现洒过混合剂的葡萄藤不长霉了，从此，人们把这种混合剂用在保护果树上。在生活中，往往有这样机会，只要留心，便可能有新的重要发现。

9. 做好观察的总结。良好的观察不仅需要具备迅速、精确感知事物的技巧，还需要及时做好观察的总结工作。这样既能巩固观察所得的知识，又有助于以后的观察。总结观察的最好形式是记观察笔记。例如，达尔文乘“贝格尔号”考察船环球考察，沿途记下五十多万字的珍贵资料；徐霞客遍游祖国的名山大川，经常露宿山野，但他坚持写下每地的游记，著名气象学家竺可桢数十年如一日写观察物候现象的笔记，一天也不中断……坚持做观察笔记非常重要，一方面能促使人的思维敏感，一方面又增进了人的记忆能力，同时，它也是培养观察力的有效措施。

综上所述，我们可以把观察称做打开记忆秘门的第一把金钥匙。达尔文曾说：“我既没有突出的理解力，也没有过人的机智。只是在观察那些稍纵即逝的事物并对其进行精细的观察的能力上，我可能在中人之上。”可见，培养敏锐的观察力何等重要。如果能加强观察力的训练，那么，我们就可以在记忆的王国里争得更多的自由。

二、情绪与记忆

情绪一般指有机体的天然生物需要是否获得满足而产生的暂时性的剧烈情感，如愤怒、恐惧、欢喜、悲伤等。

情绪具有以下几种基本性质：

1. 情绪的强度：情绪具有从弱到强的不同等级的变化。例如，喜，可以从开心、欣然、快乐到高兴、大喜、欢跃、狂喜。怒，可以从不满、愠色、生气到激愤、愤怒、大怒、暴怒。强度越大，被情绪影响的程度越深。影响强度的因素主要有：人的需要状态、人的自我要求、对象具有的意义。

2. 情绪的紧张度；情绪往往在有重大意义的时刻呈现冲动性。考场上、比赛前一般都可以体验到紧张情绪。紧张度越高，解除时越感到轻松。紧张的作用有两方面，一种是调动全部精力，例如战鼓催征；另一种是抑制大脑思维，例如，考试怯场。

3. 情绪的快感度；指情绪体验在快乐或不快程度上的差别。例如满足、欢欣、自得属于快感类；悲伤、忧虑、懊悔属于不快类。快感度与需要是否得到满足有关，能满足需要的便引起快感，不能满足需要的便引起不快。

4. 情绪的复杂度；指各种情绪的复杂程度。人的情绪受到个性倾向性的制约，又受客观事物的影响，所以非常复杂，特别是与情感共同体验时，更为复杂，有些甚至是难以用语言描述出来的。

上述四种基本性质可以组合成许许多多的复杂的情绪。例如高兴，有的是笑逐颜开，有的是喜不自禁，有的是强装笑脸，有的是笑里藏刀。

情绪与人的健康关系极为密切，长时间的不良情绪对人的身心健康有很大的破坏作用，而良好的情绪状态则往往使人精力充沛，给人带来幸福和长寿。

那么，情绪与记忆的关系是怎样的呢？大家知道，参加高考的学生在考场上的过分紧张可能影响终生的命运，运动员在比赛时过度紧张可能丢掉获得冠军的机会。因为，过度紧张的情绪会抑制人的记忆力，而使人的实际能力得不到良好的临场发挥。

近年来，科学家们进行了很多有关焦虑与学习效果的关系的研究。“焦虑”属于不愉快的情绪，烦燥不安，类似恐惧，但程度不太强烈，心理学家选取它作为情绪指标。研究的基本结论是：

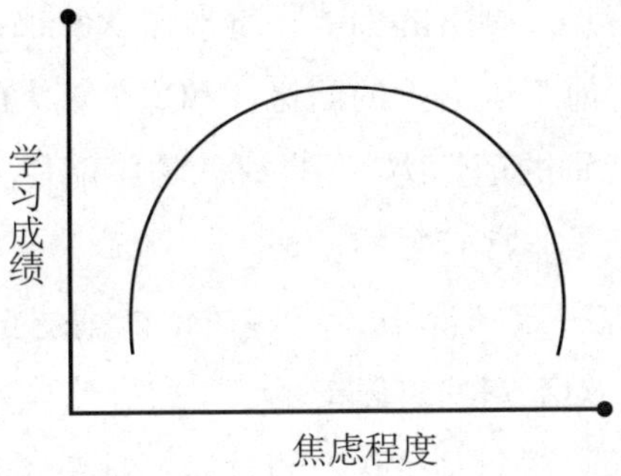

1. 适中的焦虑程度能发挥人的最高学习效率。焦虑太低或太高都不能取得良好的学习成绩。焦虑程度与学习效率之间的关系可用一条曲线来表示，这条曲线大致呈抛物线的形式 (如上图)。

2. 就情绪的一般差异讲，一般情况是；平时焦虑较低者，不易激动，情绪较为稳定的人的学习效率要比焦虑高者好。

3. 一般情况是，在学习有压力的情况下，焦虑情绪低的人可以提高学习效率，而焦虑程度高的人学习效率会因而降低。

4. 一般来说，比较简单的学习可以因有情绪压力而提高效率，但复杂的工作则可以因有情绪压力而降低效率。

情绪与学习效率的关系非常复杂，它是由多种因素决定的。例如，惭愧往往是面红耳赤、唉声叹气，起到减力的作用，但它也可能使人痛改前非，产生奋起直追的动力。

情绪对学习效率的作用，已经包括了一部分记忆的因素。而就情绪与记忆的直接关系讲，也是密不可分的。所谓“不堪回首”“心有余悸”都是在说回忆过程中的情绪反应。

我们知道，情绪记忆是记忆的类型之一。每个人都有情绪记忆的能力，不过有大有小罢了。同时，情绪也在记忆过程中发生着有力的影响。这影响表现于两个方面：

1. 积极的影响。在一定情况下，有些情绪能促进记忆活动，提高记忆效果。例如，法国大作家巴尔扎克在其名著《欧也妮·葛朗台》中，曾对这种影响的积极作用作了深刻的论述和生动的描写："在一生的重要关头，凡是悲欢离合之事发生的场所，曾跟我们的心牢牢地粘在一起。所以查理特别注意到小园中的黄杨，枯萎的落叶，剥落的围墙，奇形怪状的果树，以及一切别有风光的细节，这些都将成为他不可磨灭的回忆，和这个重大的时间永远分不开。因为激烈的情绪有一种特别的记忆力。"良好的情绪能使人看到自己的力量，充满自信心，而这对记忆是非常有力的。

2. 消极的影响。在一定情况下，有些情绪能削弱记忆活动，减低记忆效果。例如，一个人在急躁不安的时候读书、记忆，肯定是心不在焉，注意力涣散，当然不容易记住了。一个人在麻木的时候，对任何事物都会无动于衷，漠不关心，那怎么能有良好的记忆呢？一个人在忧虑的时候，对识记材料决不会感兴趣，显而易见，记忆效果很难保证。

在记忆过程中，如果我们能发挥情绪记忆的优势，认真地体验识记材料中那些带有感情色彩的或容易激起人们情绪的事物，是会大大提高记忆效果的。

既然情绪在记忆活动中也表现出两极性，那我们就应该因势利导，在进行学习和记忆时，排斥不良情绪的影响，保持良好的情绪。而当我们处于消极的情绪状态时，第一不要勉强去记忆，第二要力争尽快调解它，调节情绪的方法有很多，下面介绍几种：

1. 心理调节法：前面说过，人的情绪是受人的意识制约的，情绪往往与每个人的性格习惯、思想修养、道德情操、文化水平等因素有关。而坚定的信念、崇高的理想、高尚的道德、重大的使命等都会有效地控制情绪。例如，小说《红岩》中的华子良装疯扮傻，在敌人的眼皮底下坚持斗争十几年；小说《林海雪原》中的杨子荣乔装改扮，在土匪的魔窟里与敌人巧妙地周旋，都是有力的说明。当不良情绪萌发时，你可以想一想自己的远大理想、近期目标，然后再想到引发不良情绪的事物，你会发现："这实在不值得（忧虑、暴怒、懊悔、骄傲、愤怒等)。”此类的自我教育、自我说服会起到抑制不良情绪的作用。心理调解的另一个方式就是设法转移注意力。因为情绪常伴随知觉发生，而注意是良好感知的重要因素。苦闷、发怒时大脑中都有相应强烈的兴奋灶，这时需要建立另一个兴奋灶。例如有意识地听两段音乐，唱几首歌曲，看一场电影，或者找熟人谈谈话，和朋友共同玩一玩，情绪就会很快镇定下来。

2. 语言调节法：语言是对人的情绪体验与表现有很大影响的工具。人的一切概念、感受和状况都可用语词来表示，包括内部语言的书面语言，对调解和控制情绪都有很好的效果。清末著名政治家林则徐的卧室墙上挂着写有“制怒”二字的条幅，就是用来控制自己情绪的。南宋爱国主义诗人陆游的座右铭是个“忍”字，从而避免和消除了许多无原则的纠纷。以此为例，在紧张时，默念“镇静、镇静，一切都会好的”之类的话，可以使情绪很快安静下来。

3. 环境调节法：客观环境的好坏对调节人的情绪非常重要。在阴森的胡同里，可能产生恐怖的情绪；在低矮的卧室里，可能引起烦闷的情绪，在宽敞的厂房中，人们会感到心情舒畅；在幽静的公园，人们会感到心境恬淡。环境调解法包括两大方面。一种是改善环境法，如自己的住室、教室，办公室或工作间，你尽可以用一点儿时间把它摆设、打扮一番，从样式、色彩、光线到声音都要达到使人愉快的标准。另一种是转移环境法，与某人闹别扭，可以暂时到别处去散散心；教室里上自习不安静，可以到图书馆阅览室去。总之，当情绪不好与环境有关时，应该尽快换个环境，就是所谓“眼不见，心不烦”。

4. 体魄调节法：健康的身体可以保证人的精神振奋，患病的身体容易使人情绪低沉，医学中有“因病而致郁”的说法。所以，经常的体育锻炼，合理的作息时间都是影响情绪的重要条件。当你长期处于忧郁，压抑的状态时，可以用跑步、打拳、打球、赛车之类的体育活动来进行调节。

此外，饮食也可以在一定程度上调节情绪。

综上所述，情绪与记忆关系密切，并且，情绪的好坏可以自己调节，因此我们应该注意在学习中保持积极的情绪，以获得良好的记忆效果。

三、音响与记忆

人类生活在大自然之中，每时每刻都要与声音打交道，各种各样的声音，组成了一个喧嚣的世界。自然界的万事万物在永无休止的运动中发出各种声响，狂风怒号、霹雷轰响、惊涛拍岸、小溪潺潺、蚕食桑叶、蛙噪荷塘、虎啸猿啼、鸟语蝉鸣……人类社会也无时无刻不“制造”着各种声音：开矿在爆破、筑堤在打夯，马达在运转、列车在奔驰、闹钟在报时、电台在播音、老人在交谈、孩子在歌唱……所有这一切，构成了一支奇特的交响乐，演奏着一支繁杂的“地球之歌”。

音响，给人类社会带来了极大的方便。通过声音，人们相互交往，例如学校中的讲课、商店里的营业、机关内的会议都离不开音响。通过声音，人们享受艺术，例如听相声、看影剧、特别是欣赏口技演员和歌唱家的表演；在音响中，人们进行着发明、创造；在音响中人们进行着生产、贸易；在音响中，人们进行着社会生活……但是，音响并不都是有益的，噪声就被 1979 年联合国世界环境保护会议列为“人类不可容忍的灾难之一”。

音响与记忆的关系极为密切，这可以从三个方面来分析。

1. 没有音响便没有记忆。

这种提法你也许觉得过于偏激，但事实确是如此。外国许多科学家做过许多次实验，结果证明，在没有音响的环境中，人的正常的心理机能将遭到破坏。实验的方法是，让被试者在绝对隔音的房间里自学，结果他们都相继进入梦乡。让被试者在地下深处的特殊房间里单独地完全隔离，时间一长，被试者的大脑神经系统趋于紊乱。特别是感觉剥夺实验，让被试者躺在…—张床上，蒙上眼睛，堵上耳朵，绑住手脚，结果，没有几个人能坚持到一周。实验期间发现，被试者注意力不能集中，不能进行连续而清晰的思考，有的人产生幻觉，有的人变成神经质，有的人甚至惊恐万状。实验后，对被试者进行心理测验的结果表明，他们进行精细活动的能力、识别图形的知觉能力、连续集中注意的能力以及思维的能力都受到严重影响。有的人很多天之后还不能学习。正如谢切诺夫所指出的："绝对的、'死气沉沉的'寂静并不能提高，而且能降低智力工作的效果。"

2. 音响是记忆的一个重要媒介。

大家知道，所谓听觉记忆，指的是耳朵接收音响的能力。这一点是非常重要的，例如：

一名报务员，在复杂的电波干扰中，要及时捕捉住联系台的每一个信号，并及时译出电文，这就需要有良好的音响记忆。

军队里习惯用号声传达命令。如集合号、熄灯号、开饭号、冲锋号乃至通知某连某排干部的特定号声……这些都要求战士们有准确的音响记忆。

医生为了给病人检查身体，诊断疾病，常常用听诊器听病人的胸音，这就要求医生有优秀的音响记忆，才能辨明病人的病情，并予以及时确诊。

…………

你一定有这样的体会，听到消防车的呼啸声就赶紧让开大路；听到鸡、鸭、鹅的声音就会浮现出鸡、鸭、鹅的形象，从一串儿脚步声可以听出来人是自己的同学；从一阵笑声可以想象到对方的高兴程度。我们运用汉语、方言，以及学习外语，都要靠声音这个媒介。

更有趣的是，连母腹中的胎儿对音响也有明显的记忆。可见，音响在记忆过程中的作用是不可忽视的。

3. 噪声对记忆有危害作用。

①噪声对注意的刺激：突发性的噪声会导致人们注意力的分散。例如，学生们在聚精会神地上自习，教室鸦雀无声，忽然"叭"的一声，窗玻璃碎了，一个足球飞进来。这时，整个教室会发生骚动，学生们的学习会中断，注意力在短时间内很难恢复到刚才的最佳状态，学习和记忆肯定受到影响。

②噪声对听觉的破坏：人的听觉神经是脆弱的，经不住强烈声浪的冲击，噪声能使人耳聋，这是尽人皆知的事实。假如声浪达到 100 至 120 分贝，就容易使人暂时性耳聋，如果超过 140 分贝会导致永久性耳聋。"十铆九聋"，说的是铆工在长期的锻打铆钉工作中深受噪声之害。噪声性耳聋的过程往往很慢，等发觉时，耳聋已经比较严重了。耳朵聋了，记忆的一条重要通道便被堵

住了。

③噪声对睡眠的干扰；噪声能刺激大脑中枢神经，使大脑皮层的兴奋和抑制失去平衡。50分贝的噪声便能缩短人们的熟睡时间，60分贝的噪声可使70%的人从睡梦中惊醒，而在噪声的干扰中，很多人久久不能入睡。大家知道，睡眠可使大脑得到充分休息，噪声长期地干扰睡眠，便会直接影响大脑的记忆功能。

④噪声对健康的损害，医学家们在实验中测定，噪声可使人体中某些氨基酸和谷氨酸、色氨酸、赖氨酸，组氨酸及维生素 B_1. B_2. B_6 和 C 的消耗量增加，因此对人体健康造成损害。这些营养素中有很多直接为促进记忆服务，它们的大量消耗，对记忆也带来很大的损失。

⑤噪声对生命的威胁：在噪声环境中，人们的心血管。消化，呼吸和内分泌系统的功能均受影响，长期接触噪声，会出现血压升高，心律不齐，视力减退、食欲不振、消化不良等现象，严重的还可能出现早衰。更可怕的是，如果声强超过170分贝，可以当场致人于死地。美国曾做过噪声实验，十名被试者站在飞机跑道上，喷气式飞机起飞时从他们头上10米至12米高度呼啸而过，结果，其中六人当场殒命，另外四人数小时后也相继死亡，这还谈什么记忆呢?

⑥噪声对大脑的影响：近年来，北京环境科学研究所等单位分析长期在噪声中工作的工人，发现他们的心电和脑电与脑病人和心脏病人的指标相似，由此证实，噪声对心脏和大脑造成了损害。长期的、过强的噪声会干扰大脑神经系统的功能。同时，噪声使受害者出现恶心、头痛、情绪不稳、忧虑、烦躁、神经过敏、失眠等症状，这些对大脑保健，对记忆的功能都是十分不利的。

了解了音响与记忆的关系，该如何利用音响增进记忆呢？下面推荐几种方法：

1. 多朗读，多背诵。实践证明多朗读和背诵都是增进记忆的好方法。朗读时眼、脑、口，耳一起活动，文字符号反映到眼睛，再传入大脑，大脑命令嘴巴发音，耳朵听后报告脑子，辨别正确与否；背诵只省去了眼看的环节，但迫使大脑抓紧回忆朗读和背诵都发挥了声音的媒介作用，为记忆开辟了听觉的坦途。

2. 听录音。听录音有两种，一种是听别人的，一时记不全面，让录音机帮助记下来，有时间再补上一课。一种是听自己的，听自己的录音总不太象，因为平时我们听自己讲话的声音，多是通过自己身体组织传导的，而录音后听到的声音是靠空气传导的，这种录音既容易诱发兴趣，又是自己熟悉的内容，所以会收到较好的记忆效果。

3. 防止噪声的危害。人们对噪声都有一种本能的反感，了解了噪声的危害后，更应该想方设法防止噪声的危害。首先应当避免工作或生活环境中的噪声强度过高，如不可避免的话，应努力减少接触噪声的时间。根据实际情况的需要，还要采取某些措施来保护耳朵，如戴耳塞、耳罩、防护帽等。必要时可以去医院检查一下听力，及时了解受噪声之害的程度，积极设法解决它。

最后说明一点，以上我们所谈的音响未曾涉及音乐，因为音乐另有专节论述，所以这里就不再赘述了。

音响与记忆有着相当重要的联系，盲人们可以说是音响记忆的大师，他们的听觉记忆能力是在长期的锻炼中形成的。如果我们能掌握和运用好听觉这个武器，能够处理好音响与记忆的关系，发挥它们的积极作用，那么我们的记忆能力就一定能够“更上一层楼”。

四、音乐与记忆

一位著名的作曲家曾说过：“当音乐是旋律和节奏，当它的每一个和弦都是众神的一个礼物，当每一个复合节奏都是揭开自然之力奥秘的曼特诺，那时，音乐就是所有元素，行星系统，可见和不可见世界的无数奥秘之一。”是的，音乐具有令人惊诧的神奇作用。当工作、劳动之余，打开收音机或录音机，那美妙的轻音乐可以使你心旷神怡；当参加隆重的会议，奏起庄严的国歌时，你会感到热血沸腾，充满了中华儿女的自豪；当周末晚会上，“青年圆舞曲”响起来的时候，你可能愉快地跳起舞来，当你在苦闷、徘徊的时候，哼几段抒情歌曲会帮你驱忧遣愁……

音乐为什么能动人心弦呢？因为音乐有一定的频率，而这频率往往又与人生理、心理上的需要合拍。音乐和谐整齐而具有旋律变化，抑扬顿挫而富有节奏起伏，从而委婉地表达人们的思想感情，形象地反映社会现实，对人类的生活、工作、学习具有广泛的影响，所以成为人们喜闻乐见的伴侣。

音乐与记忆的关系也是相当密切的，下面分三个方面来阐述。

1. 音乐能调节情绪

著名音乐家冼星海曾对音乐做过这样的比喻；“音乐，是人生最大的快乐；音乐，是生活的一股清泉；音乐，是陶冶性情的熔炉。”还有人把音乐比作五味俱全的中药，因其旋律、节奏、音调、音色各有不同，所以能对人起到调节情绪的作用。人的一生中，难免碰到各种不愉快的事情，诸如挫折，失败、打击、纠纷、争吵等，都可能引起愁苦、紧张、烦恼，羞愧，恐惧、急躁等情绪，因此而产生了心理障碍和精神负担。这种情况下，学习不安心，记忆没效果，生活变得毫无兴趣。在百无聊赖或苦寻寄托的时候，可以求助于音乐来解决。有这样一个小故事：一次，德国钢琴家梅亚贝尔和妻子吵了架，他为了镇定情绪，排除烦恼，便在钢琴上信手弹起肖邦送来的《夜曲》，优美动人的旋律刚结束，妻子激动地抱住了梅亚贝尔，原来，她陶醉在肖邦的乐曲中，心中的怨怒已经烟消云散了。可见，良好的音乐对人的情绪能产生多么大的影响啊！那么，音乐是怎样产生作用的呢？科学家研究发现，人的听觉器官中的每一根听神经只能接收一种频率的音响。音乐是一定频率的声波振动，它被人体接收之后，与人体内各个振动系统吻合，于是产生共振，使各器官节奏协调一致。

大家可能有这样的体会，当听到有人唱起自己熟悉的歌曲时，常常会情不自禁地随着哼起来，或者隔了一会儿，不由自主地哼起那首歌，这可能就是这种“共振”的结果。在共振的状态下，音乐激发人体的潜能，使身体某些部分由稳定的静态变为活跃的动态。尤其是节奏性强，感情色彩鲜明的音乐更能起到兴奋、鼓舞的效果。而这种愉快的情绪不但有益于身心健康，而且对记忆来说也是一付“强心剂”。音乐中音调的变化可直接影响人的情绪，甚至一种音调就能引起人的独特的情绪。早在古希腊时代，哲人们就注意了这种现象。他们认为 E 调安定、D 调热烈、A 调高扬、C 调和缓、B 调哀怨。亚里士多德最推崇 C 调，他认为 C 调宜于陶冶青年。在烦躁的时候，音乐会为你驱忧除愁，欢乐时更能起到锦上添花的作用。经常用录音机播放轻松悦耳的乐曲，会使你保持乐观的情绪，对生活，学习都充满兴趣和自信，而这些都会潜移默化地收到增进记忆的效果。

2. 音乐能深化记忆

音乐对记忆有深化的作用。首先，如前所述，它具有促进人体代谢活动和改善心理卫生的作用。其次，它具有改善大脑的作用。经常听轻松的、愉快的、舒适的和欢乐的音乐，对大脑皮层以及大脑边缘系统的活动大有益处。在音乐的刺激下，人体内的一些有益的化学物质如乙酰胆碱的释放量增多，而乙酰胆碱被认为是大脑细胞之间信息传递的神经递质，所以，乙酰胆碱的增多是增进记忆的福音。20 世纪六十年代，在英国出版的《音乐与大脑》一书中，一位叫达马西奥的作家提出；“无论什么人对音乐技能的控制，首先是在主管感情和直觉的脑右半球发展起来的；而具有音乐天才或有音乐思考力的人，都逐渐会将控制力转移到左半球。”美国威斯康星大学教授史密斯宣布，他在长期观察中发现，一般人多习惯用右脑，比如美国人中使用右脑者就占有十分之八左右，而音乐大师们却习惯于用左脑，所以他认为达马西奥的观点是正确的。目前，这种说法暂时占了上风，由此看来，儿童早期多接受音乐的熏陶对开发大脑右半球是颇有帮助的。近些年来，在风靡世界的“超级学习法”的研究中也利用了音乐对于大脑的作用，努力挖掘音乐的潜在能量。再次，它具有帮助记忆的媒介作用。我国早期音乐论著《乐记》中说：“凡音之起，由人心生也。人心之动，物使之然也。感于物而动，故形于声。”这里所谓的“心”，其实是人的大脑。一首优美的乐曲，一段动人的旋律，常常反应了大脑的思维活动。大家都有这样的体会，某首歌多年不唱，乐谱歌词早已淡忘，但只要听到有人哼起那首歌的曲调，自己就会产生一种熟悉、亲切的感觉，有时竟不知不觉地跟着哼起来，歌词往往随着脱口而出，甚至连当年的学习、生活的情景也会油然再现。在学校里，把汉语拼音字母编成歌，教学生们唱，不长时间，他们就会记熟。实践证明，这种记忆的效果好。特别是对于具有音乐天赋的人，听觉记忆突出的人，音乐对于记忆的媒介作用更为明显。

3. 某些音乐的危害作用

事物总是一分为二的，音乐有益于记忆也不能一概而论，有些音乐对大脑、对身心健康、对学习和记忆是有害的。如长时间听响亮的流行音乐，听力均有一定程度的下降，有十分之一在一年半中便致使 5 分贝的听力丧失，而听力丧失大于 25 分贝便可能耳聋。疯狂的音乐不但损伤听力，而且会造成神经紊乱。据资料表明，刺耳的音乐既会导致孕妇流产或早产，又会影响胎儿的大脑发育。长时间强音刺激还导致情绪低落，智力下降，记忆功能减退。过多地听感叹忧伤的、抑郁沉落的音乐歌曲对人也有腐蚀作用。长时间听此类歌曲，会使人意志衰退、悲观厌世，这对于学习，记忆都是十分不利的。

了解了音乐与记忆的关系，我们就可以在学习和记忆中加以利用，比如，学习中听一听轻松舒缓的音乐，休息时唱一唱振奋人心的歌曲，但也应该注意排除音乐中存在的那些不利于记忆的因素。

朋友，热爱音乐吧！到美妙的旋律中去探索净化大脑，增进记忆的奥秘。

五、色彩与记忆

说到色彩，人们会很自然地想到雨后的彩虹——赤橙黄绿青蓝紫；想到节日的礼花——绚丽夺目映夜空；想到飘扬的国旗；想到挺拔的青松；想到姹紫嫣红的花朵；想到五颜六色的服装……色彩像魔术师似的点缀着人们的生活，人们都沐浴在色彩之中。那么，什么是色彩？它有什么作用？它与记忆是什么关系呢？

所谓色彩，是指光在人眼中的一种视觉反映。这一点我们可以做一个实验：午夜，拉上所有的窗帘，要达到屋里没有一丝光的程度。这时，请你仔细观察室内各种摆设的颜色，你会发现什么也看不见，它们都已黯然“失色”了。这是因为物体本身并无颜色可言（这里指非发光体），只是投射在它们表面的光线不同，加上物体本身反射或透射的能力不同，就在人们眼中形成了不同的色觉。

色彩的基本属性有三种，即色调、浓度和明度。

色调是使两种颜色区别开来的属性。它决定于物体表面的反射的光线中什么波长占优势。如果某物体无选择地把投射在它上面的白光平均地反射出来，那么它就是非色彩的，包括白黑、灰白，非色彩没有色调这一特征。

浓度指某种色调的纯杂程度。浓度决定于物体反射出来的光线中其基本光线占比例的多少。例如粉红，浅绿属于浓度较小的色彩，而真红、鲜绿则属于浓度较大的色彩。

明度指色彩的明暗程度。色彩和非色彩都有明度的特征。明度决定于照射到物体表面的光线的强度。强度越大，颜色越亮，最后接近白色，强度越小，颜色越暗，最后接近黑色。

以上是有关色彩的一点儿简单知识，下面我们来谈一谈色彩在人们心理中的作用。

马克思说，“彩色的感觉是美感中最大众化的形式。”是的，色彩是视觉中最响亮的语言，它具有令人不可思议的魔力。

色彩不但赋予大自然以美的外表，还强烈地影响着人的心理活动。据心理学家的研究，人对色彩的感知是一个微妙而复杂的生理、心理，化学和物理的过程。扑入眼帘的千红万紫、五光十色，可能引起人们明暗、冷暖、轻重、远近等感觉，也可能引起人们兴奋、忧郁、轻松、烦躁等心理。例如，看到红色，常使人想到朝阳；想到烈火，给人以振奋和鼓舞；看到白色，常使人想到冰雪，想到寒冷，使人感到纯洁或空虚。著名现代诗人闻一多先生曾发表过这样的见解：“红给我以热情，绿给我以发展，黄教我以忠义，蓝教我以高洁，粉红赐我以希望，灰色给我以悲哀。”这是色彩对心理作用的很好的说明。

色彩与人体健康的关系也极为密切。匈牙利布达佩斯综合技术学院实验表明，把蒙住眼睛的人们带进大红色房间里，他们的脉搏会加快；带进黄色的房间，他们的脉搏会恢复正常。可见，色彩对人体能产生多么奇妙的影响啊！医疗实践总结：红、橙、黄色能使人瞳孔扩大，心跳加速，蓝、绿色对发高烧病人有一定疗效；赭色可提高低血压患者的血压。有些医生甚至提出这样的建议：高血压患者不宜穿红色衣服；肝病患者适宜穿柠檬黄服装，肾脏有病的人适宜穿金色的衣裤，这将对配合治疗起到积极作用。

不仅如此，色彩与性格还有千丝万缕的联系，色彩研究者们认为：内向的人喜欢冷色，诸如青、蓝，外向的人喜欢暖色，诸如红，橙。性格特点越复杂，所喜欢的色彩越广泛，而性格特点越明显，则喜欢的色彩越简单。例如，喜欢红色的人往往是意志坚定，精力充沛，性情直爽，富有竞争力，喜欢绿色的人往往有独立见解，充满自信，但随和开明，适宜于社交；喜欢橙色的人往往具有与人友好共处的能力；喜欢黑色的人则可能具有十分消极的心理……当然，随着各种因素的变化，人对色彩的感情也会改变。目前，这方面的研究还在探索之中。

色彩的魔力妙不可言，那么它对学习和记忆有什么作用呢？

我们知道，在视觉记忆中，有很多人是注重于颜色记忆的，例如黑三角、红五星、绿方块等，他们常常侧重于依靠黑、红、绿去记忆。客观世界是充满色彩的世界，人的记忆也不能全部表现为文字和单线条，不言而喻，色彩在记忆中占有相当重要的地位。

色彩与记忆的关系主要有以下几点：

1. 色彩为记忆信息增添了特征。如果问楚霸王项羽骑的是什么马？三国时关羽骑的是什么马？很多人会脱口而出，乌骓马！赤兔马！同时，头脑中可能闪现一匹黑色战马仰天嘶鸣，一匹红色战马快速驰骋的形象。这两个信息便主要运用了色彩记忆，突出了乌——黑、赤——红，因而头脑中的记忆表象也就非常鲜明，经久不忘了。有一个四岁的儿童，玩“中国行政区划拼板地图”彩色玩具，不到一周时间，对三十二个省、市、自治区便滚瓜烂熟了，只要拿起彩色玩具中的一块，让他看一看就能正确说出是哪个省市区。原来，他记忆的方法第一是认形状，第二是认色彩。尽管有些塑块的色彩相同，但色彩辅助形状的作用也不可低估。在寻人启事中，失主总要描述走失者的色彩特征，诸如：黄头发，紫红脸，左腮上有颗明显的红痣，上身穿米黄色夹克服，下身穿深蓝色裤子，脚上穿一双黑皮鞋……这就为帮助寻找的人们勾勒出一副色彩比较鲜明的形象，显而易见，在这里，颜色会成为辨认和记忆的主要线索。总而言之，在形象记忆中，如红花、白雪、蓝布、黑板都是以色彩印象为主的，色彩为记忆信息的保持和回忆提供了非常重要的条件。我们在记忆中应该充分利用这一有力的助手。

2. 色彩越鲜明，记忆信息就越牢固。你可以自己搞个小实验，找出十几种颜色来记忆，然后检验记忆的效果。你会发现，那些大红大绿，纯黑纯白是最容易记住的，而什么橘黄色，古铜色、咖啡色、粉红色、蟹青色、草灰色的记忆效果便差一些，这是什么原因呢？前面我们讲过了色彩的浓度和明度，浓度越大，色彩越纯正；明度越高，色彩越显眼，因而记忆效果也越好。而浓度很小，明度很低的色彩相互之间不易区别，而且有很多不能给以正确的命名，自然不容易记住了。大家知道，“万绿丛中一点红”容易引起人们的注意和记忆，但如果是“万绿丛中一点灰”呢？试想一下记忆效果怎样，一定不太好，这就是明度相对高的引人注目，相对低的则难以辨认造成的。我们可以作一个气球实验，买红、蓝、绿、黄几色小气球，充满氢气，扎好，然后一起放出去，仔细观察它们的去向，结果，蓝和黄很快就消失了，而留在我们眼中时间最长的是红气球。这种现象可以说明色彩越浓，记忆越牢的道理。根据这个规律，在读书作符号笔记时用红蓝铅笔或油笔是很科学的，值得提倡的。

3. 利用色彩的作用来改善学习环境。前面我们谈过在工商交通等部门发挥色彩作用的效果，同理可知，利用色彩改造学习环境也是可行的。加拿大一位教授在一所学校里做过实验，他将学校原来的橘、白、褐色的墙壁刷成黄色和蓝色。结果，学生们的出勤率高了，惹事生非的现象少了，学习成绩有了显著的好转。德国很多小学都采用了如下措施：教室内靠窗的一面涂上草绿色，这有利于学生消除眼睛的疲劳；放黑板的一侧涂白色，使黑板突现出来，以引起学生们的注意；天花板涂成淡黄色，使室内光线柔和谐调不刺眼；地板涂成棕褐色，使学生心理增加安全可靠感，书桌采用洁白色，装饰美观的塑料贴面，使学习环境有一种清爽感……这些措施都为了帮助学生集中精力以提高学习效果。学习环境的改善对于增进记忆是大有好处的。

4. 充分利用色彩对心理的影响。客观世界五彩缤纷，人们愿意接收到色彩丰富的事物，而不愿接受那些非彩色的事物。例如大家都爱看彩色电影和彩色电视，黑白片已经“不得人心”了。彩色可以使人赏心悦目、兴趣盎然，而非彩色则使人产生单调、厌倦的心理感觉。英国有位著名医师叫西奥·金贝尔，他从事低能儿童的教育工作。他发观每天放学前：孩子们都要用很长时间收拾自己的物品，因为他们总是互相搞错。他想了个办法，把每个孩子的书桌、衣钩等用具上都涂了互不相同的颜色，一个星期后，“张冠李戴”的现象便不再发生了。为了提神兴奋，可以在桌上摆一盆大红塑料花；为了保证集中注意力，可在办公桌的侧面墙上贴一张八开红纸；为了促使大脑思维活跃，可以在办公桌上蒙一层黄纸；为了增强记忆，桌上可放一盆绿色植物，学习中休息时欣赏一会儿，还可起到保护视力，使人轻松的作用。不过，也应该注意：办公桌边红色不宜过多，过多会使人惶恐不安；尽量减少黑色或紫色，因为它们容易使人萎靡不振。

综上所述，色彩与记忆密切相关，合理地利用色彩可以增强记忆，提高学习效果。不过，色彩世界变幻迷人，还有待于人们进行深入的探索和开拓。

当然，影响记忆的因素还有很多，这里我们主要叙述以上几种，希望能起到抛砖引玉的作用。

第十二章

补充大脑：为超级记忆加油

大脑必要的营养和休息是你的学业可持续进展的保证。本章提示你，学习是一种高强度的脑力劳动，必须给予大脑必要的营养素和休息，以使大脑健康、有活力，这样才能持续永恒地记忆，搞好你的学习。

一、科学饮食能使大脑更聪明

记忆效果好不好与大脑有直接关系，而大脑的工作能力又受各种营养素的制约。大脑需要的营养素包括六类：脂类、蛋白质、糖类、维生素、矿物质、水。

(一)脂类

日本大分大学饭野节夫教授指出，对于身体来说，蛋白质是第一位的；对于大脑来说，脂质是第一重要的营养成分。他这种观点是很有道理的，因为脑中所需的结构脂肪和蛋白质，在动物和植物的细胞中常是紧密相连、共生共存的，有脂质必然也有蛋白质的存在。因此，如果能大量摄取结构脂肪，就等于充分满足大脑对蛋白质的要求。而有些食物只含有蛋白质并不含有结构脂肪，即使摄取了蛋白质，也必须再满足对结构脂肪的需要。比如冬瓜、粉条、葱头，山药等基本不含脂肪，但有一定量的蛋白质；而凡是含有脂肪的食物同时也都含有蛋白质(动物油、植物油除外)。如果食用含有不饱和脂肪酸的健脑食物以及必要的日常食物，就能同时得到各种矿物质和维生素。因此，饭野节夫认为以结构脂肪(不饱和脂肪酸)为中心的营养法就是健脑法的基础。脑细胞的干物质主要是由不饱和脂肪酸和蛋白质构成的，其中脂肪类占重要地位。

脂肪酸按化学结构分类可分为饱和脂肪酸及不饱和脂肪酸，其分布对高血脂及动脉粥样硬化发病率起着重要的作用，摄取饱和脂肪酸过多就会形成胆固醇的基质，而且也是肥胖症和脑溢血等疾病的祸根。构建聪明大脑的重要材料是碳链长的不饱和脂肪酸。动物性食物中含不饱和脂肪酸较多，且碳链长。动物本身不能制造出不饱和脂肪酸，而主要来源于植物。植物的种子含有亚油酸，叶子含有亚麻酸，亚油酸和亚麻酸是人体不能合成的不饱和脂肪酸，必须由食物脂肪供给。草食性动物吃了植物，把其中的亚油酸和亚麻酸吸收到自己的细胞结构内，再将碳链扩大。形成更为复杂的长链不饱和脂肪酸。而肉食性动物以草性动物为食，把碳链长的不饱和脂肪酸又吸收进自己的细胞结构中，使碳链加长，结构复杂化了，所以肉食动物比草食动物具有更高的健脑功能。食物链的终主是人类，人吃了肉食动物，会使不饱和脂肪酸碳链更长。所以，我们应当吃一定量的肉类食物。不是吃那些肥肉，而是应该食用动物的肝、肾、心、脑，这些食物比瘦肉含有更多的不饱和脂肪酸，还有维生素和矿物质。

一般来说，动物油以饱和脂肪酸为主，植物油以不饱和脂肪酸为主，我们最好在饮食中以植物油为主，以增强脑机能。

（二）蛋白质

蛋白质是人体生命活动的基础物质，没有蛋白质就不能形成人体的组织和器官。脑的机能活动与蛋白质密切相关，神经元中的尼氏小体就是以高速转换的蛋白质为主要成分的物质。蛋白质也是人体内细胞各种膜结构的组成成分，有执行信息传递的功能，在人的识别、神经冲动、记忆等方面起着重要作用。增加食物中蛋白质的含量，就能增加大脑皮层的兴奋和抑制功能，从而提高学习效率和效果。

世界著名神经化学家乔治·昂加尔指出：记忆力是由“多肽”组成的化学物质。“肽”是由蛋白质水解产生的分子较小的次级衍生物，许多氨基酸分子缩合而失去一部分水所形成的物质叫多肽。氨基酸能构成多种不同的蛋白质，有些蛋白质是酶，有些是激素。有些氨基酸人体自己能合成，称为非必需氨基酸。有 8 种氨基酸必须由食物供给，人体本身不能合成。称为必需氨基酸，包括：异亮氨酸、亮氨酸、赖氨酸、蛋氨酸、苯丙氨酸、苏氨酸、色氨酸、缬氨酸。食物中必需氨基酸的含量对身体的健康影响很大，当必需氨基酸供给不足或不平衡时，蛋白质合成减少，也会出现蛋白质缺乏的症状。因此，我们每天必须补充一定量的蛋白质。

蛋白质营养不良对中枢神经系统的影响在幼年时表现得很明显，可导致智力发育障碍，身体发育迟缓，消瘦及体重过轻；成人则易于疲倦，患贫血症，体重下降，甚至肌肉萎缩。蛋白质对大脑的智力活动有着重要的意义，所以应在食物中保证蛋白质的供给。

（三）糖类

脑活动的能源依赖于血液循环输送来的葡萄糖和氧。身体其他器官可以利用自身的各种能源物质（如脂肪、氨基酸、糖类）来产生热能，而神经系统中含糖量很少，脑内储存的葡萄糖及糖元仅够维持几分钟正常活动，必须靠血液随时补充葡萄糖。因此，人脑对血糖浓度的波动极为敏感，每天约需116~145 克糖。当血液中葡萄糖含量降低时，脑的能量供应减少，耗氧量下降，这时轻者会感到疲倦，不能集中精力学习，重者会发生昏迷，因此，每天保证充足的葡萄糖供应，对于保证脑的良好工作状态是非常必要的。

（四）维生素

维生素既不是构成身体组织器官的原料，也不是供应热量的物质，但它却是维持人体代谢所必需的物质。维生素对神经系统也有很大作用。维生素 B_1，和尼克酸都是糖代谢过程中酶的辅助因子，可影响大脑中能量的供应，缺乏时可引起记忆减退、思维迟钝。维生素 B_6 可参与蛋白质和脂肪的代谢过程，缺乏时可导致脑发育受阻及智力发育迟钝。维生素 B_2 可维持机体健康，促进生长发育。维生素 B_{12} 有促进核酸和蛋白质的合成、促进脂类的合成和利用、加速细胞呼吸等作用。维生素 C 可普遍改善机体细胞的氧化还原反应。维生素 D 可调节钙和磷的正常代谢。

（五）矿物质

矿物质又称无机盐，也是维持人体正常生理机能所不可缺少的物质。人体内有 60 多种元素，其中钙、镁、铁对大脑尤为重要。

钙可使身体内保持酸碱平衡，保证脑处于最佳工作状态。钙与记忆力有很大关系，它能激励神经介质载送神经信号越过神经元的间隙迅速地到达另一个神经元。钙的含量越高，神经介质就越活跃，记忆的效率也越高。钙的极度贫乏会引起神经错乱，从一般的神经过敏到失眠和痉挛。

镁是保持良好记忆的另一个重要元素。人体缺少镁时，体内卵磷脂的合成就会受到抑制而引起记忆力减退。镁离子是维持心肌正常功能所必需的，缺乏镁可产生精疲力竭的感觉。

锌是多种酶的成分，与蛋白质、核糖核酸的合成有关。锌能增强记忆力和智力，能使孩子的发育和食欲变得正常，能防止老年痴呆的发展。缺锌可使人昏昏欲睡，精神萎靡。儿童缺锌则生长发育停滞，不长个子。

铁是红细胞中血红蛋白的重要成分，血红蛋白是运输氧气的必要物质。人体缺铁可引起贫血、精神涣散、记忆力减退。

总之，虽然人体内各种微量元素含量甚微，但其生理作用很大，若供给不足则影响智力的发育。

(六)水

没有水就没有生命，脑细胞中输入和输出的各种物质都是溶解在水中，通过水的流动来输入、输出的。

综上所述，六种营养素对于大脑是缺一不可的，平衡地摄取各种必需的营养素，才能有益于大脑和神经系统的健康，由此才能保证学习活动的可持续运转。

二、记忆宝物：胆碱

研究人员指出，吃一种名叫胆碱的食物，能使脑中的神经介质乙酰胆碱增加。用正常的志愿测试者所做的实验表明：能阻挡乙酰胆碱的药品会减低记忆力，有类似乙酰胆碱作用的药物能恢复记忆力。胆碱非常重要，胆碱的大量缺乏会干扰脑的工作。实验表明，胆碱能系统地在人类的记忆和其他认识功能中起关键作用，其中乙酰胆碱可能是关键因素。当人们进行记忆活动时，一个神经元的轴突末梢释放出神经介质，把信息传递给另一个神经元。当人使用脑子的时候，神经元便制造并放出神经介质了。乙酰胆碱是传递信息的一种重要的神经介质，所以它与记忆力有着直接的关系。

美国一位神经内分泌学家说："经过试验发现，脑制造某些神经介质的功能与血液中养料的含量有关。"这就是说，人们所吃的食物在消化道里分解成各种养分，这些养分进入血液，其中有少数几种营养成分透入脑的神经元，对神经介质的生产发生影响。这就意味着大脑的功能不是一成不变的，而是与食用的食物有密切的关系。

一位英国研究人员对一项为期 6 个月的试验提出了报告。参加试验的病人患有阿尔滋海默氏疾病，这是一种毁坏记忆的退化疾病。让这些病人每天服用纯化了的卵磷素 25 克，他们的记忆力慢慢地恢复了，或是比参加同一试验而不服用卵磷素的患者记忆力毁坏得轻些。卵磷脂是天然胆碱资源。

卵磷脂是一种脂类，可以用来治疗老年性的记忆丧失，对轻度中年认知功能损害的病人有一定的治疗效果。在美国，卵磷脂是作为每天食物的滋补剂而被人重视的；在欧洲，卵磷脂作为一种药物。动物实验表明，大鼠每天享用一顿含卵磷脂的食物，能够明显提高脑内和肾上腺内的胆碱和乙酰胆碱的浓度。华盛顿的一些医生所做的胆碱疗法试验，使一些天生只有短时记忆的人有了显著的进步。

研究表明，或多或少含有胆碱的食物能影响人们的精神状态。美国、英国和加拿大的科研人员得出结论：有控制地供给足够的营养胆碱，可免却 60 岁左右的人常患的记忆衰退症，并可改进各种年龄的人、甚至年轻人的记忆力不强的病症。胆碱在人体内可与醋酸结合成乙酰胆碱。

还有一种氨基酸——谷氨酸，也能促进乙酰胆碱的合成。试验通过微电泳给予谷氨酸，对中枢神经系统所有神经元均有兴奋作用。谷氨酸能增强大脑记忆力，还有利于解除大脑的疲劳。连续服用谷氨酸可以改善智力不足或儿童的智力发育，还可以改善脑血管出血后遗留的记忆障碍，对治疗神经衰弱也有一定疗效。

三、健脑食物举要

（一）含有脂肪类的健脑性食物

植物油含百分之百脂肪，其中含有大量健脑的不饱和脂肪酸。菜籽油中含有对心血管不利的芥子酸，因此，已有动脉粥样硬化的患者最好不用或少用菜籽油。

猪瘦肉每 100 克含脂肪 28.8 克，牛瘦肉含 6.2 克，羊瘦肉含 13.6 克。最好是食用在自然条件下饲养的动物，因为用硝基呋喃和磺胺剂等催肥剂养的猪虽然长得很快，半年就达到 100 千克以上，但是 32%的猪肉发现各种异常现象。如果能食用天然野生动物的肉类就更好了，它们有利于大脑获得结构脂肪，但很少有人能经常做到这一点。

芝麻每 100 克含脂肪 61.7 克，芝麻酱含 52.9 克，黑芝麻更好，黄花菜含 2.1 克。松子每百克含脂肪 63.6 克，核桃含 63 克，葵花子含 51.1 克，花生仁含 44.8 克。

（二）含有蛋白质类的健脑性食物

动物性食品含优质蛋白质及大脑需要的必需氨基酸。

鸡肉每 100 克含蛋白质 21.5 克，兔肉含 21.2 克，牛瘦肉含 20.3 克，羊瘦肉含 17.3 克，猪瘦肉含 16.7 克，鸡蛋含 14.7 克，牛奶含 3.3 克。还是食用以自然条件下饲养的动物为好。

（三）含有糖类的健脑性食物

蜂蜜每 100 克含糖类 79.5 克，大米含 74.2 克，小米含 72.8 克，玉米含 40.2 克，蜜枣含 77.6 克，干桂圆含 45.3 克，甜橙含 12.2 克，核桃含 10.7 克。

（四）含有维生素的健脑性食物

含维生素 B_1 的有生花生仁、黄豆、小米、猪肝、核桃、蛋黄、芝麻酱、黄花菜。含维生素 B_2 的有猪肝、紫菜、木耳、海带、蛋黄、茶叶。含维生素 B_6 的有香蕉、甘薯。含维生素 B_{12}，有牡蛎。含尼克酸的有猪肝、炒花生仁、芝麻酱。含维生素 C 的有橘子、鲜枣、桂圆、柿子椒、卷心菜、菠菜。含维生素 A 的有鸡肝、猪肝、蛋黄、奶粉、胡萝卜、菠菜。含维生素 D 的有蛋黄、牛奶、猪肝。

（五）含有矿物质的健脑性食物

含钙的有核桃、牛奶、海带、鸡蛋、芝麻酱、虾米、海蜇。含镁的有豆芽菜、大豆、大麦、麦芽、蚕豆、豌豆、苋菜、荠菜。含锌的有牡蛎、麦、麦芽、蛋黄。含铁的有黑木耳、海带、紫菜、芹菜、芝麻酱、猪肝、虾米、蛋黄。

另外，含乙酰胆碱的有蜂蜜、荠菜。含胆碱的有山药、慈姑、茄子、番茄、萝卜、花生。含卵磷脂的有黑芝麻、蛋黄、兔肉、鹌鹑肉、小麦、葡萄、花生。含谷氨酸最多的是味精。

经常食用健脑食物可改善脑的结构与功能。

四、危害大脑的饮食及嗜好

（一）酸性食物过量

人体在正常状态下血液为弱碱性，pH 值为 7.35~7.45，用以应付源源不断涌入的酸性物质。饮食中摄入过多的酸性或碱性物质，可造成酸碱平衡失调。不论是酸性过高，还是碱性过高，都会引起身体的不适。血液酸碱度低于 7.35，则为酸中毒，患者表现出呼吸快而深，呼出气体有烂苹果味等；血液酸碱度高于7.45，则为碱中毒，呼吸常慢而浅，可有手足抽搐。目前，很多人都在大量食用酸性食品，当血液pH值接近7时，就接近了酸性。

血液酸性化就称为酸性体质。酸性体质的人常有一种特殊的疲倦感，影响头脑的正常学习。开始时有慢性症状，手脚发凉，容易感冒，皮肤脆弱，伤口不易愈合。酸性体质严重时，会直接影响到脑和神经系统功能，从而引起记忆力减退，思维能力下降，神经衰弱。有的人以为自己常常疲倦得很是因为睡觉时间不足、用脑过度、体力劳动少等原因造成的，殊不知偏食酸性食物就能造成记忆力下降、神经衰弱。法国一所医院的护士服了含镁的药，连续工作24小时也不知疲倦，就是因为镁、钙、钠、钾等元素在体内表现为碱性，使人保持充沛的精力。酸性食物并不是指有“酸味”的食物，而是指含有磷、硫、氯等元素的食物在体内形成的酸性。

哪些食物属于酸性食物呢？一般我们所吃的主食米和面就属酸性食物，副食中的肉类、鱼类、贝类、虾、鸡蛋、花生、紫菜，还有啤酒、白糖都属酸性食物。由于主食多是属酸性的，所以我们每天都在食用大量的酸性食物，这并不可怕。问题在于如何吃一定的碱性食物中和酸性，使我们的头脑处于清醒活跃的状态。

哪些食物属于碱性食物呢？一般蔬菜、水果、豆类、海藻类、茶、咖啡、牛奶都属于碱性食物。如果大量吃鱼、肉、蛋，而忽视了蔬菜和水果，看起来营养水平提高了，但却形成酸性体质，反倒使大脑疲倦、记忆力下降。

在日常生活中，酸性食物是不可避免的。那么怎样避免酸性体质呢？最好的办法是平时多吃些蔬菜和水果，这样既能保持碱性体质，又能增加各种维生素。如果能常备一些碱度大的食物，少量食用就能中和一天食用的酸性食品了。吃食堂的学生们可以自己买点海带、紫菜之类的食品，或者饭后喝些茶、咖啡、橘汁。

特别值得注意的是白糖。白糖是一种典型的酸性食品。不要大量食用，否则会引起脑功能障碍。

精白食物并不是其本身含有害成分，而是它缺少某种成分。长期、大量食用精白食物，就会使人体缺乏营养。不过，少吃一些没有关系。

（二）食品添加剂

食品添加剂是指在食品生产、加工、保藏等过程中有意识地加入食品中的少量的化学合成物质或天然物质，包括防腐剂、着色剂、人工香料、漂白剂等。它们对身体没有什么好处？只不过是增加了商品的色泽和保存时间。我们还是尽量不吃带有添加剂的食物，而多吃一些天然的食品，以保持大脑血液的清洁。

（三）烟、酒对智力的影响

烟是一种对人危害甚大的有毒物质，它不仅对人体有很大影响，而且对脑的功能产生害处。烟中的一些有毒物质，能较容易地通过护脑屏障而进入脑内。长期吸烟能够致使记忆力下降。

少量饮酒有一定益处，可以提神助兴、活血通络。但是过量饮酒会有很大害处。长期过量饮酒不仅能严重损害脑的功能，造成智力减退，丧失对近事及日常事件的记忆，脑力活动不能胜任，还能使血液中的脂类沉淀到血管壁上使血管硬化、管腔变小、血压升高、增加心脏的负担。由于酒精是由肝脏分解，还会造成肝功能减退、肝硬化。孕妇大量饮酒还可导致胎儿中毒、生长不足、发育迟缓、智力低下、形态异常。

（四）有害的化学物质

脑组织对毒物作用很敏感，工厂向江河湖泊排放的大量废水中有很多非常有害的杂质，如铅、汞、镉、铬、砷、氰化物、酚、石油、农药等，饮用了被污染的水就会使人脑受损害。

（五）不良的饮食习惯

1. 偏食

偏食是疾病的祸根，会使人体不能全面地摄取营养。在我们周围，有偏食习惯的人不少，他们只吃那些吃惯了的几种食物。尤其是不爱吃蔬菜的人，很容易造成酸性体质，从而影响脑功能，影响记忆能力。

饭野节夫在20岁左右时曾得过严重的神经衰弱、便秘、肩上肌肉僵硬、背病等疾病，跑遍了各大医院，始终没有查明原因，这些疾病折磨了他十年之久。后来他自己研究并查明了病因，原来就是偏食所引起的。他过量食用了甜味食品，因而导致自己成为酸性体质。从此他改变了偏食习惯，坚持以蔬菜等碱性食物为主的饮食生活，终于从慢性疲劳感的痛苦中解脱出来，肉体和精神上的不舒适感也完全消失了。

2. 饱食

饱食之后马上学习，记忆能力下降，效果不好。大脑记忆信息需要血液输送养料和氧气，饭后肠胃为了消化食物，也需要大量的血液提供进行消化和吸收的能源。饭后1～2小时内，血液的调配与平时全然不同，大部分都集中到肠胃里面。这时，脑供血不足，人就出现爱打瞌睡、脑筋不灵活的现象。吃得越饱，通过血液供给脑的养料就越少，思维活动也就越迟钝。在这种情况下学习，记忆力不佳，脑子就像糨糊一样。所以，吃得越饱，饭后需要停止学习的时间也就越长。

为了充分发挥脑的机能，应该经常使肠胃处于适当空闲的状态，以便使新鲜血液流入大脑。平时只吃八分饱为最好，这就减少了大脑倦怠的时间，可以恰到好处地改善大脑机能，增强记忆的效果。

此外，不能遇到可口的饭菜就暴饮暴食。

3. 零食

吃零食有利也有弊，主要看吃什么，怎么吃。不分什么时间地乱吃零食，会破坏肠胃的活动规律，打破正常的食物条件反射，从而影响食欲，等到正餐的时候，肚子已经一点也不饿了；而且零食不断进入到肠胃里，使腹部始终处于紧张状态，血液一直集中在消化器官上，大脑却是空空的，这样会影响思维与记忆。

有的人吃零食不过是嘴上的消遣，特别是中小学生，瓜子不离口，糖块不离手；女学生更多见，一边学习一边吃。把吃零食看成是一种享受，把做作业看成是一种负担。对于学生来说，这种习惯是一个大敌。如果经常吃零食，就会丧失忍耐空腹的习惯，只要稍有“肚子已经空了”的想法，马上就条件反射地浑身无力，书看不进去，也不能安心地记忆知识。如果经常准备零食，看一会儿书就分神，老惦记着兜里好吃的糖果，注意力总在零食这一边。如果总是想吃点什么，胃里就不能经常保持空腹状态，血液被派去消化食物，大脑里的血液就相对减少，不能使大脑进入最佳学习状态。

4. 素食

素食对人体机能具有良好的作用。但是完全吃素食也不好，特别是对儿童、青少年来说，全吃素食容易缺乏必需的氨基酸。苏联一位博士维拉·奥列涅娃说：素食者的看法不少是合理的，但是完全不吃肉、禽、鱼、海生动物、奶油还是不行的。人的正常发育和健康必须要有足够的蛋白质，虽然有的植物中蛋白质的含量很高，但其中缺乏肉类中的必需氨基酸。

综上所述，我们已经清楚了诸种危害大脑功能的因素。问题是许多人并不认为这些因素能对人怎么样，因为它们的侵害是很缓慢的、微妙的，不是立见效果的。但是我们必须防止这些有害因素在人体内积少成多、潜移默化地起作用。从现在起我们就应予以足够重视，以保护我们的大脑不受损害，保持我们的最佳学习状态。

五、大脑需要休息：人脑不是“永动机”

(一) 要保证大脑科学地休息

(1) 必须保证必要的睡眠时间。少年儿童每天要保证 9 小时睡眠，成人每天要保证 8 小时睡眠。

睡眠时间和质量对智力活动都是很重要的。大脑由于整天活动就会疲劳，大脑疲劳一旦产生，就需要休息。大脑休息的状态之一是睡眠。儿童夜里睡得很香甜，早上起床后精神很好，已入学的儿童早上读语文、外语或思考问题就不感到疲倦，如果睡眠不足，就会影响智力活动的顺利开展。

对于睡眠与智力活动的关系，如需要多少时间睡眠能记住多少内容，多少时间睡眠会忘记多少内容，心理学家进行了研究，让被测者记住了互相之间无联系的一些词汇之后，分别在四种不同条件下回忆：①睡前疲劳的时候；②

给 30 分钟睡眠以后；③给 6 小时睡眠以后；④给 8 小时睡眠以后。实验结果表明，前两种条件下回忆的成绩几乎同样不好，经过 6 小时睡眠以后的回忆成绩是它们的 2 倍以上，经过 8 小时睡眠以后的回忆成绩最好。遗忘曲线内情况是：记住内容以后，睡眠与不睡眠的遗忘率不同，前者要比后者忘得慢些。可见，充足的睡眠是保证大脑皮层正常活动与正常发育的必要条件，是开展正常智力活动的必要前提。

(2) 要提高睡眠的质量。睡眠时舒适的姿势能消除来自骨骼肌的刺激，暗弱的光线能阻断对视觉的刺激，安静的环境能消除对听觉的刺激，适宜的温度可以减少对皮肤的刺激等。这些条件都能提高睡眠质量，促进大脑功能恢复。睡眠充足时，神经系统得到充分的休息与保护，整天精神振奋，学习效率就能大大提高。

(3) 短时闭目养神。在学习感到疲劳，但所剩时间又不足以进行睡眠休息时，可进行短时的闭目养神，这是一种零星的休息方法。根据当时当地条件随时可进行，坐、卧姿势均可，闭目不思。这样可以迅速解除大脑的疲劳感。

(4) 避免“开夜车”。经常“开夜车”不仅会损害大脑的正常功能，使大脑反应迟钝，记忆力下降，而且会使身体的抵抗力下降，容易染上疾病，从而严重影响学业的进展。

六、失眠及其防治

失眠是学生和脑力劳动者常有的现象，如不及时采取措施治疗，时间长了，不但会影响学习，而且会导致身体虚弱，甚至会出现神经衰弱。失眠是因为大脑的兴奋和抑制机能失调，而出现兴奋过强、抑制过弱所致。失眠常见的是发生在晚上睡前，也有的发生在半夜一觉睡醒之时或天亮之前。按照失眠程度的不同可分为轻度、中度和重度三类。

（一）轻度失眠的防治

轻度失眠多由紧张引起，睡前首先要解除引起紧张的各种原因，创造一个良好的睡眠环境。同时可用下列方法入眠：

(1) 呼吸放松法。躺下后，吸气时默念“静”，呼气时默念“松”，直至入睡。

(2) 睡前用 40 克牛奶粉加少许面包（加面包可防止空腹喝牛奶引起腹泻）开水冲喝，能很快入睡。

（二）中度失眠的防治

中度失眠是精神过度紧张很难放松引起的，有可能导致半夜或通宵难以入睡。这最好借助于药物治疗，如脑心舒、脑乐静、蜜环片、脑力宝、安神补脑液、安神补心丸等。一般在睡前内服一次，睡眠好了就可停服。治疗失眠的药物最好是基本上无毒副作用的中成药，不要服用西药安眠药类，因为其副作用大且易服出依赖性。

（三）重度失眠的防治

重度失眠基本上由神经衰弱所致，患者常伴有头晕、偏头痛、烦躁、目眩、耳鸣、乏力、食欲不振等症状。一般是通宵不能入睡，更谈不上学习。这种病最好去看中医，按中医辨证论治。重度失眠在临床上一般表现为多种类型，最常见的有两种类型：

(1) 肝气郁结型。表现为：胸闷、目眩、打嗝、嗳气、胸肋胀痛或刺痛、呼吸不通畅、食欲不振等。使用中成药逍遥丸，辅以上列中度失眠所用的药物。

(2) 阴虚阳亢型。表现为：耳鸣、腰酸、口渴、口干少津、唇干、食欲不振、手心热、大便干、遗精等，使用中成药六味地黄丸。若伴有目赤、两眼干涩、畏光流泪，则使用中成药杞菊地黄丸效果好，并辅以上列中度失眠所用的药物。

若兼有 (1)、(2) 两种类型症状者，可几种药物同时使用。

若上述症状特别明显者，最好由中医配制中药煎服，这样见效快，逐渐好转后再服中成药。

（四）自我催眠，带你进入梦乡

自古以来，人们就知道运用催眠的方法可以开启右脑神奇的能力。催眠起源甚早，当时并不叫作催眠而是称为咒术。原始的咒术可以治病、可以托梦。

施展咒术的人被称为神官或魔术师。历史上最早有关催眠术的记录是由埃及第四王朝、公元前 376 年马比鲁斯所记载。

以催眠暗示引导人进入催眠状态，许多平常状态所做不到的事情都可以在催眠状态实现。譬如说暗示骰子“出”之后，骰子一般甩出去，不可思议地，出现一点和六点的概率特别高，或是瞬间可以记住十项、二十项的物品、瞬间能够解开复杂计算，等等。

但是，要希望任何人在平常状态就能够做到这些事，不一定需要借助催眠，这也就是右脑智能训练一直提倡的“右脑开启”状态。

不过，要学会这种能力，还是要通过催眠。催眠法是开启潜意识大门的方法。潜意识的大门一旦紧闭，再怎么努力，也到达不了潜意识，而只要努力的事情能够到达潜意识，愿望就容易实现。

自我催眠，想象在自己体内还有另一个人存在。借助自己对自己体内的另一个人讲话，进入自我催眠。当你能够让自己体内的另一个自己听你说话的时候，就能够开启自己潜意识的大门，也就能够和潜意识沟通。

(1) 自律训练

靠着意识，可以影响自己的身体、细胞及肌肉。现在让我们来做一个实验。

①坐在椅子上、闭上眼睛、深呼吸。

②双手放在膝盖上、双掌朝上。

③右手中指的地方，用胶带贴上数位温度计的尾端。

④闭着眼睛心中重复默念“右手加温、右手加温”。

实验结果，你会发现温度计的数字显示你的体温确实上升。这种控制意识的训练法称为自律训练法。

自律训练法有六个程序。

①感受到“手腕、脚重起来”。

②感受到“手腕、脚热起来”。

③感受到“心脏安静到听得见脉搏”。

④感受到“呼吸顺畅”。

⑤感受到“胃部附近热起来”。

⑥感受到“前额凉起来”。

依照这六个程序，逐项进行，就能够获得高度集中的注意力，同时也渐渐能够控制意识。

运用自我暗示的这种自律训练法，每天演练，不出一个星期，当你想到腹部会热起来，就马上可以感受到反应。如此，自我催眠就能更深入。

(2) 看见图像的训练

自律训练的六个程序完成之后，同样再用自我暗示的方法，暗示自己“颜色看得到”，颜色就会自然显现的训练。

这时候可以一面听印象派音乐始祖德彪西的曲子“影像”或“幻想曲”，在自我暗示下，各种美丽的色彩会一一出现，自然的景色或是人物也渐渐可以看得到。

能够看得到颜色的人，接下来就可以指定颜色，不妨试着从彩虹七色中的红色开始指定起，指定的颜色就看得到了。

能够看到紫色之后，接下来自我暗示“紫色云彩消失”的图像。以前催眠术几乎都是使用语言暗示(左脑暗示)，其实使用图像暗示(右脑暗示)效果更好。

图像暗示是看到、听到、感受到、尝到、闻到这五感的暗示——以五官的感受来说明图像暗示也比较容易了解。

可以看到艳红的夕阳、可以看到蓝蓝的大海、阳光过强张不开眼睛等都是视觉暗示。听得到小鸟的“啾啾”叫声、听得到远处水牛“哞”的叫声等都是听觉暗示。

光着脚沙沙的感觉、冷飕飕的感觉等是触觉暗示，舌头尝到甘味、尝到苦味等是味觉暗示。

香烟的味道、海潮的味道则是嗅觉暗示。

使用五感的暗示要尽可能用具体图像，效果就会更突出，右脑将会得到全面的锻炼。

(3) 做梦控制法

睡眠状态时，心灵感应特别灵敏。

人在进入睡眠之后，意识渐渐停止作用，潜意识就浮现出来，这就是梦。

许多知名的小说家在梦中梦见一个故事，醒来之后把它写成小说。

最有名的例子就是英国推理小说家史蒂文生的名著《化身博士》。日本的小说家吉行淳之介、齐藤荣等人据说都在有意识下做梦，再把梦中故事写成小说。

控制做梦的方法的要领如下。

躺下来闭上眼睛，把意识集中在印堂，让仁丹大小的珠子放光进入百会穴，再以 1~2 厘米间隔慢慢将光珠引到后脑、颈部、背部。

要去感受从腰部往下腹降下的感觉，此时就进入 θ 波的状态，青紫色的云雾会出现在后脑勺，最后云消雾散，展现出彩色的影像 (梦)。

做梦的时候不能睡沉，要训练用 θ 波 (半觉醒) 的状态去看、去记忆。午睡或晚上就寝前或半夜醒来的时候，都可以做这项训练。

(4) 入梦的技巧

①仰着睡、双手双脚往外伸。放松手脚的肌肉，想象手脚会越来越重。可以用右手→左手→右脚→左脚的顺序。

②等到手脚变重、感觉到身心舒适慵懒之后，再以头部→颈部→肩膀→胸部→腹部的顺序放松肌肉，让全身放轻松。可以自我暗示让胸部和腹部一直重下去。

③充分松弛之后，把意识集中在额头，然后以 1 ~ 2 厘米的间隔，从头顶→后脑部→颈部→背部上方，用意识想象有小钢珠大小的球体浮现出来，而且一步一步往下移。

想象球体发光的图像更好。

④当意识掉到颈部下方时，几乎就快睡着了。如果还无法成眠，就去感

受从腰部往下腹掉落的感觉。

⑤在进入睡眠的前一刻，要去想身体和意识的状态。然后放松全身的肌肉→头变重→恍恍惚惚→意识散发→变得昏暗。

⑥这时候已进入 θ 波的状态，青紫色的云雾会出现在后脑勺，最后云水消雾散，出现彩色的影像(梦)。

长时间持续做这种训练，就能够体验到不可思议的睡眠状态。入眠过程→作梦状态→看不到梦的沉睡状态→醒来的过程，都是可以在觉醒状态时看到的体验。从此可以不必担心失眠症，每天早上醒来的时候，头脑也会非常地清澈，身体感觉清爽、而且充满着能量。

超意识一旦真正被唤醒，即使在睡眠之中意识也不会消失。想要在空中飞翔或是让自己喜欢的人在眼前出现都可以办得到。

在半觉醒的时候，想要浮到空中或是想象意识在从自身的肉体脱离的那种感觉下静静起身的图像，意识就离身而出了。

七、五官健脑操，增强脑子功能

脑是全身的主宰，是支配人体一切生命活动的中枢。脑主管感受刺激和传导兴奋，并通过神经系统，能把各个器官以及整个机体的机能活动统一协调起来。

(1) 脑神经分布在哪些器官

脑神经是从头盖骨的各个开口部发出，分布于面部、头部及其他各种器官的12对神经。

第一神经(嗅神经)通至鼻子司嗅觉。

第二神经(视神经)通至眼睛司视觉。

第三、四、六神经支配眼睛活动。

第五神经(三叉神经)司面部感觉，支配咀嚼肌的活动。

第七神经(面神经)支配面部肌活动。

第八神经(听及前庭神经)司听觉和平衡觉。

第九神经（吞咽神经）通至咽喉，支配吞咽动作。

第十神经（迷走神经）通至心、胃、肠道。

第十一神经（副神经）支配颈和肩部肌肉。

第十二神经（舌下神经）支配舌肌。

从脑神经分布于各器官的情况来看，脑的12对神经有10对神经与五官有密切关系，如果五官有病，就会直接影响到大脑。

(2) 五官与脑神经的关系

“五官”通常是指眼、耳、鼻、咽喉及口腔而言。五官有病可以影响到整个头部而引起不同程度的头晕，就会注意力不集中，记忆力下降，影响工作和学习。

眼部疾病：慢性眼病有时可引起慢性的前额部头痛，致使视力下降。在儿童，屈光不正是头痛的常见原因，并且常发生在阅读的时候。视神经发炎，会引起眼部疼痛和额头痛。有人看书时间太长，不注意眼睛的休息，长此下去，使眼过度疲劳也可引起头痛。

耳部疾病：中耳炎和乳突炎可引起头一侧颞部疼痛。严重的中耳炎，细菌可顺着血液流动，引起颞叶或小脑的脓肿，这时颅内压力增高，头痛剧烈。

鼻部和咽喉部疾病：急性鼻窦炎最容易引起头痛。鼻咽癌可引起一侧头痛，上颌颌窦会引起额部或面部疼痛。

口腔疾病：例如牙痛和三叉神经痛都可引起面部烧灼样疼痛。

(3) 五官健脑操

常做五官健脑操，能活跃脑的生理机能，改善神经的血液供应，调整大脑皮层的兴奋和抑制，并能降压提神，解除疲劳，医治头痛等病症。

①预备式：站、坐均可。站姿：两脚开立，松静自然，坠肘沉肩。坐姿：端身静坐，两脚平展，手心向下轻放在大腿上。眼似垂帘，内视鼻，舌抵上腭，呼吸自然，下领内收，胸部微俯，腰脊竖立，臀部略后。默想：大脑放松，排除杂念，平心静气，意守丹田，吸气幽幽，呼气绵绵，缓慢，力求自然。

②擦面：两手相摩，搓热，自上而下，摩擦颜面。包括额头、面颊、两太阳穴及鼻翼两侧，动作柔和，速度匀缓，反复摩浴至温热为宜。每日至少两遍，各数10次。此法即所谓“浴面”，欲称“干洗脸”。

擦面可以改善血液循环，增强面肤弹性，减少皱纹，滋润面色，延缓衰老，预防感冒，并防治头痛脑胀，迎风流泪，牙痛鼻塞，面瘫流涎。

③鸣天鼓：两手掩耳，食指压在中指背上，稍加施力，借反作用力滑下，以指弹击后脑枕骨部(风池穴附近)可闻“呼呼”作响，犹如击鼓之声。亦称“弹脑”“掩耳弹枕”，如弹36下，尔后，两掌忽开忽闭，连续开闭放响12次。最后，用两手食指同时插入左右耳孔内，转动三次，骤然拔开，增强记忆，防治头昏，头痛及耳疾。

④运目：两目微闭，心平气和，眼球分别沿眼睛，呈逆时针左右、上下运转，尔后，再忽然大睁，睁目做运转。即先闭目运转再睁目运转，各十余次，且慢而匀。此法即所谓“运睛”，俗称“旋眼睛(球)”。经常做可以明目清脑，解除眼睛疲劳，改善视力，防治目疾及头昏、头晕。

⑤叩齿：凝神静心，屏除杂念，口唇轻合，上下齿相互叩击。先叩后齿，次叩门(前)齿，再错位叩犬齿。此位即所谓“叩齿”、“啄齿”，欲称“咬牙齿”。每日晨起及临睡前，或不拘时刻，每次叩齿百余下。

坚持叩齿，可以促进牙齿血液循环，改善营养供应，增强咀嚼功能，并保持口唇及面颊部肌肉健美丰润，每日早晚咬牙10遍，咬牙时须铿然有声，则齿坚不痛，促进消化，故民谚曰：“清晨叩齿三十六，牙齿到老不会落”。

⑥按摩鼻子及颜面：将两手掌并拢，手心向内，指尖向上，贴于脸上，以鼻子为重点，在脸部上下摩擦百下左右。速度要快，使鼻腔和颜面有发热的感觉，以全身发热微汗为度。

⑦下巴运动：先垂手而立，掌心向前，随两手用力握紧成拳，同时，嘴也使劲向两边侧下咧成“︵”字形，做几次以后，嘴再尽量张大佯做“哇——”状(或环境许可，可以喊出声来)，并使手指头骤然分开，如同枫叶一般，接下去，又像开始一样，使嘴咧成“︵”字形，两手紧紧握拳。然后又张嘴，伸手……，次数不限，有兴趣可做20遍。

张嘴时不要不好意思。要像婴儿咧着大嘴那样，尽量地把嘴张大。同时，头要略向上仰。别看这傻呼呼的，可对脑子大有好处。它可以大面积地给脑以刺激，加强整个头脑的血液循环，加大脑子的供氧量，从而活跃和增强脑子的功能。